Vineet Nayar

Zuerst der Mitarbeiter, dann der Kunde

Vineet Nayar

Zuerst der Mitarbeiter, dann der Kunde

Stellen Sie das konventionelle Management auf den Kopf

Übersetzt von Andreas Schieberle

WILEY

WILEY-VCH Verlag GmbH & Co. KGaA

1. Auflage 2013

Bibliografische Information der Deutschen Nationalbibliothek
Die Deutsche Nationalbibliothek verzeichnet diese Publikation in der Deutschen Nationalbibliografie; detaillierte bibliografische Daten sind im Internet über http://dnb.d-nb.de abrufbar.

Die englische Originalausgabe des Buches erschien 2010 unter dem Titel *Employees First, Customers Second. Turning Conventional Management upside down* bei Harvard Business Press, Boston, Massachusetts.

Published by arrangement with Harvard Business Review Press

Printed in the Federal Republic of Germany

Gedruckt auf säurefreiem Papier.

Umschlaggestaltung Adam-Design, Weinheim
Satz inmedialo, Plankstadt
Druck und Bindung CPI – Ebner & Spiegel, Ulm

Print ISBN: 978-3-527-50751-1

Inhalt

Vorwort: Eine Erzählung aus der Praxis

Es geschieht nicht sehr oft, dass wir aus erster Hand den Bericht eines CEO erhalten, wie er die Transformation seines strauchelnden Unternehmens in eine vitale Wachstumsmaschine bewerkstelligt hat. Aber genau das bietet uns Vineet Nayar hier in seiner ausführlichen Ich-Erzählung über die Reise mit seinem Unternehmen in den letzten fünf Jahren.

Das Buch bietet drei Perspektiven. Als Erstes erhalten wir aus der Perspektive von Vineet Nayar einen Einblick in eine bedeutende Transformation – mit seinen Zweifeln, seinem Entdeckungsprozess, der Bestätigung seiner Ideen und der Herstellung von Konsens. Als Zweites beobachten wir den Übergang vom Alten zum Neuen in Vineet Nayars Denken über Management – weg vom Schwerpunkt bei der traditionellen hierarchischen Struktur, hin zu dezentralisierter Macht und zur Verteilung von Verantwortung für die Wertschöpfung. Und als Drittes betrachten wir die kulturellen Voraussetzungen für diesen Managementansatz – die Notwendigkeit von Ehrlichkeit, Transparenz, Vertrauen und Dialog auf allen organisatorischen Ebenen.

Vineet Nayars wichtigste Erkenntnis ist, dass der Erfolg eines Unternehmens heute zunehmend vom Talent und der Kreativität seiner Beschäftigten abhängt. Insbesondere wissensbasierte Betriebe sind auf Teams begeisterter Einzelner angewiesen, die darauf brennen, eine Herausforderung nach der anderen in Angriff zu nehmen, und die das interne Wissen des Betriebes in sich tragen. Sie zu managen – insbesondere

Angehörige der Generation Y (nach 1980 geborene Menschen) und vor allem in globalen Unternehmen – erfordert eine Reihe ganz neuer Fähigkeiten. Vineet Nayars Geschichte zeigt, wie sich ein Unternehmen auf diejenigen Personen, die zur Wertschöpfung beitragen – die Mitarbeiter an der Kundenfront – stützen kann, um bemerkenswerte Wachstumsraten und Gewinne zu erzielen.

Das Buch stellt wichtige philosophische Fragen in einer Zeit, in der wir den raschen Übergang von traditionellen Produktionsbetrieben zu wissensbasierten Unternehmen erleben – und damit auch eine Transformation der Manageraufgaben und der Managementpraktiken: Repräsentiert jede oder jeder Beschäftigte einen eigenen inhärenten Wert – durch sein oder ihr Wissen, Kreativität, Engagement und Kooperationsvermögen? Sollen wir uns zum Erzielen größtmöglicher Wertschöpfung für die Kunden darauf konzentrieren, die Mitarbeiter zu fördern? Kurz: Machen die Beschäftigten den Unterschied?

Vineet Nayar beantwortet diese Fragen in seiner leicht zu lesenden Ich-Erzählung. Es ist der Bericht über eine organisatorische Transformation, ein Praxisratgeber für Manager, die ähnliche Ergebnisse erzielen wollen, sowie die Geschichte der persönlichen Transformation eines Geschäftsführers. Ich kann dieses Buch nur aus ganzem Herzen empfehlen.

C. K. Prahalad

Paul and Ruth McCracken
Distinguished University Professor

Ross School of Business
University of Michigan

Einleitung

Vor einiger Zeit kam ich auf einem Flug von New York nach Frankfurt mit meinem Sitznachbarn ins Gespräch. Er fragte mich, was ich mache, und ich erzählte ihm, dass ich Vorstand eines globalen Serviceunternehmens im Bereich Informationstechnik (IT) bin. Als ich zurückfragte, was er denn mache, antwortete er, er sei ehemaliger Autorennfahrer.

Während des Fluges unterhielten wir uns dann weiter, wir sprachen über unser Leben und unsere Berufe. Bei einem Glas Wein vor dem Essen berichtete er von einem früheren Erlebnis. Offenbar hatte er einmal mitten im Rennen festgestellt, dass seine Bremsen nicht mehr funktionierten. Er fragte mich, ob ich so etwas schon einmal erlebt hätte. »Nein«, sagte ich. »Was haben Sie denn da gemacht?«

»Tja, was glauben Sie denn, welche Optionen ich hatte?«, fragte er.

Ich überlegte mir eine Reihe von Möglichkeiten, aber eigentlich fiel mir nichts Rechtes ein.

»Also die meisten Fahrer kommen dann auf eine der beiden folgenden Ideen«, sagte er. »Entweder sie versuchen, die Bremsen wieder in Gang zu bekommen. Oder sie gehen vom Gas. Die erste Option lenkt den Fahrer aber ab und birgt das Risiko, dass es zum Unfall kommt. Und die zweite Option macht ihn zur Gefahr für die anderen Fahrer und birgt ebenfalls das Risiko eines Unfalls.«

»Und was sollte man machen?«, fragte ich.

»Gas geben«, sagte er. »An den anderen Autos vorbeiziehen und dann zusehen, dass man die geeigneten Maßnahmen ergreift.«

Ich habe keine Ahnung, ob diese Strategie in einem Rennen wirklich funktioniert oder ob für diese Aussagen in erster Linie der Wein ausschlaggebend war. Ich habe auch noch keinen weiteren Rennfahrer getroffen, bei dem ich mich hätte erkundigen können. Allerdings fragte ich mich durchaus, warum ich nicht selbst auf diese Lösung gekommen war.

Als ich darüber nachdachte, fiel mir noch eine andere Begebenheit ein. Ich war vor einiger Zeit einem Freund aus Kindertagen wieder begegnet, den ich seit 25 Jahren nicht mehr gesehen hatte. Ich konnte nicht anders, ich platzte einfach heraus: »Mensch, hast du dich verändert! Ist ja nicht zu glauben.«

Tja, aber warum sollte er sich eigentlich nicht verändert haben? Warum habe ich so verblüfft reagiert? Warum reagiere ich nicht genauso verblüfft, wenn ich in den Spiegel schaue? Schließlich habe ich mich ja selbst um keinen Deut weniger verändert als mein Freund.

Vielleicht hat es ja damit zu tun, wie unser Gehirn für den Umgang mit Veränderungen programmiert ist. Wenn die Bremsen nicht mehr funktionieren, dann handelt es sich um eine plötzliche Veränderung, und uns bleibt gar keine andere Wahl, als uns Handlungsoptionen zu überlegen. Handelt es sich dagegen um eine allmähliche Veränderung, wie das Älterwerden, dann fällt uns das normalerweise gar nicht auf, bis uns irgendetwas zur Erkenntnis zwingt.

Dass die Geschichte des Rennfahrers mich damals so berührte, lag, wie ich annehme, daran, dass ich mich zu dieser Zeit selbst in einem Rennen befand, einem Wettrennen zur Transformation unseres Unternehmens, und ich genau die gleiche Strategie verfolgte, wie sie mein Sitznachbar im Flugzeug geschildert hatte: Gas geben, um an den Konkurrenten vorbeizuziehen, und dann nach genügend Platz zum Manövrieren suchen.

Natürlich betrachtete ich die Dinge damals, im Frühjahr 2005, nicht im gleichen Licht wie hier dargestellt. Ich wusste nur, dass sich unser Unternehmen, HCL Technologies (HCLT), in einer schwierigen Situation befand und wir schnell etwas unternehmen mussten, um nicht ganz aus dem Rennen zu fliegen. Ich war erst seit Kurzem Chef des Unternehmens und versuchte noch zu begreifen, was es überhaupt bedeutete, ein so großes Unternehmen zu leiten. Ich hatte zuvor eine kleinere Unternehmenseinheit von HCL namens Comnet geführt, die ich selbst gegründet hatte, und jetzt leitete ich eines der fünf größten IT-Serviceunternehmen Indiens. Das Unternehmen hatte 30 000 Mitarbeiter, war tätig in 18 Ländern und wies einen Jahresumsatz von etwa 700 Millionen Dollar und eine solide jährliche Wachstumsrate von durchschnittlich rund 30 Prozent über die letzten fünf Jahre auf.

Aber hinter diesen einigermaßen eindrucksvollen Zahlen verbarg sich eine andere Wirklichkeit. HCLT war wie mein Jugendfreund, der plötzlich so alt aussah. Nachdem HCLT einst zu den Stars in Indiens Geschäftswelt gezählt hatte, wuchs das Unternehmen jetzt langsamer als der Branchenführer (ein Unternehmen, das über die letzten fünf Jahre eine Wachstumsrate von jährlich durchschnittlich 50 Prozent erreicht hatte) und langsamer als die unmittelbaren Konkurrenten, verlor Marktanteile und war auch in puncto Bekanntheitsgrad zurückgefallen.

Doch noch war der Name HCL in Indien legendär. Das Unternehmen war 1976 als *barsaati* gegründet worden (das ist die indische Entsprechung für die sprichwörtliche US-amerikanische Existenzgründung in der Garage), von einer Gruppe junger Unternehmer unter Führung von Shiv Nadar, einem Pionier der indischen IT-Branche, der heute einer der angesehensten Wirtschaftsführer Indiens ist.

Ich trat 1985 direkt nach dem Studium in das Unternehmen ein, in den Kindertagen der Firma, als die Umsätze noch unter 10 Millionen Dollar lagen. Mein Traum war, mich einem kleinen Unternehmen anzuschließen und dazu beizutragen, es groß zu machen. Und Shiv hatte eine große Vision für die Computerbranche sowie die Fähigkeit, über das Offensichtliche hinaus zu denken, was ich faszinierend fand.

Der Traum wurde weitgehend Wirklichkeit. Die IT-Branche setzte weltweit zum Höhenflug an, so wie Shiv es vorhergesehen hatte, und die indischen Technologieunternehmen erlebten in diesem Sog einen gewaltigen Boom. HCL war auf seinen Geschäftsfeldern und Märkten führend und wuchs im Zeitraum von 25 Jahren von 10 Millionen auf 5 Milliarden Dollar, angeführt von HCL Technologies zusammen mit einer weiteren Einheit der Gruppe: HCL Infosystems. Viele Jahre lag HCL dabei an der Spitze des Rennens und hielt die Spitzenposition unter seinen indischen Mitbewerbern. Das Unternehmen gehörte bei vielen Innovationen in Technik und Service weltweit zu den ersten, und diese Innovationen zogen die besten und klügsten Köpfe zu HCL.

Zwischen 2000 und 2005 war HCTL dann jedoch im Feld zurückgefallen. Aber irgendwie hatten wir gar nicht so richtig gemerkt, dass wir langsamer geworden waren (30 Prozent Wachstum pro Jahr hörten sich ja auch nicht langsam an) und die übrigen Teilnehmer des Rennens an uns vorbeizogen. Woher diese Blindheit? Vielleicht aus einem Gefühl der Zufriedenheit mit dem erreichten Wachstum heraus. Vielleicht glaubten wir, dass wir alles taten, was wir konnten. Vielleicht boten wir den falschen Servicemix für einen veränderten Markt an.

Das passiert Unternehmen nur allzu häufig. Sofern ein Unternehmen nicht vom Streben nach ständiger Veränderung hin zum Besseren beherrscht wird, schleicht sich üblicherweise unbemerkt eine schrittweise Veränderung hin zum Schlechteren ein. Wir haben das schon auf der ganzen Welt bei einst großen Unternehmen gesehen. Ihrem Unternehmen kann das auch passieren; vielleicht passiert es bereits.

Wann muss also die Entscheidung getroffen werden, etwas zu verändern? Und wenn die Zeit reif ist, müssen viele Fragen gestellt werden: Warum haben wir beschlossen, etwas zu verändern? Welchen Grad von Veränderung soll unsere Organisation anstreben? An welchen Unternehmen wollen wir uns messen? Wie werden wir bei unseren Veränderungen vorgehen? Wie viel Risiko können wir bei unseren Veränderungsbemühungen eingehen?

Eines schönen Tages jedenfalls haben wir bei HCLT (heute eine Familie mit 55 000 Mitgliedern und einem Umsatz von 2,5 Milliarden Dollar) beschlossen, etwas zu verändern. Und dieses Buch erzählt die Geschichte unserer faszinierenden Selbstentdeckungsreise, auf der wir mit einem einzigartigen Ansatz unsere Transformation bewerkstelligt haben:

- Wir haben uns gezwungen, in den Spiegel zu blicken und festzustellen, dass wir uns zum Schlechteren verändert hatten.
- Wir gaben Gas und zogen davon, von einer Position weit hinten im Feld bis in führende Position, mit dem schnellsten Wachstum unserer Branche – ein Umsatzwachstum um etwa das Dreifache binnen vier Jahren. (Wir waren eines der wenigen Unternehmen auf der Welt, die während der Rezession 2008/09 wuchsen.)
- Wir wandelten uns und wurden als Arbeitgeber mit einst hohen Fluktuationsraten und niedriger Anziehungskraft nun zur Nummer eins der besten Arbeitgeber Indiens und zum besten Arbeitgeber in Asien und Großbritannien ernannt.
- Wir hörten auf, die altvertrauten geschäftlichen Beruhigungsformeln aufzusagen, und wurden zum geistigen Führer und Erneuerer, der von *BusinessWeek* zu einem der fünf beachtenswertesten Aufsteigerunternehmen ernannt wurde und von *Fortune* bescheinigt bekam, »das modernste Management der Welt« zu haben.
- Wir erzielten Aufmerksamkeit und Anerkennung in den Berichten führender Wirtschaftspublikationen der Welt und wurden an der Harvard Business School als Fallstudie behandelt, nicht nur wegen unserer Leistung, sondern auch wegen der Art und Weise, wie wir sie erzielt haben.

Und genau dieser letzte Punkt ist kritisch: Jede Transformationsreise erfordert Innovationen sowohl bei dem, *was* wir tun, als auch bei der Art, *wie* wir es tun. Die Geschäftswelt konzentriert sich weitgehend auf das *Was* der Strategie

– neue Produkte, neue Angebote, neue Märkte – und ist weniger daran interessiert, *wie* ein Betrieb seine Teams und Unternehmen führt. Nach unserer Erfahrung bieten diese Unterschiede im *Wie* jedoch die größten Chancen, Transformation und beschleunigtes Wachstum voranzutreiben. Daher beschreibe ich zwar natürlich auch das *Was* unserer Strategie, da es bei der Transformation ja durchaus eine Rolle gespielt hat, konzentriere mich aber vor allem auf das *Wie,* da dies wirklich den interessantesten und wertvollsten Teil unserer Geschichte ausmacht.

Wir nennen diesen *Wie*-Ansatz Employees First, Customers Second (EFCS) – im Deutschen *Zuerst der Mitarbeiter, dann der Kunde.* Die konventionelle Lehre sagt natürlich, dass ein Unternehmen stets seine *Kunden* an die erste Stelle setzen muss. Bei allen Serviceunternehmen findet die wahre Wertschöpfung jedoch immer an der Schnittstelle zwischen Kunde und Mitarbeiter statt. Wenn die Mitarbeiter hier nun an die erste Stelle gesetzt werden, kann ein Unternehmen grundlegende Veränderungen in der Art und Weise herbeiführen, wie es für seine Kunden einzigartige Werte schafft und sich von seinen Konkurrenten abhebt. Durch eine Kombination aus engagierten Mitarbeitern und verantwortlichem Management kann ein Unternehmen außerordentliche Werte für sich selbst, seine Kunden und die beteiligten Personen in beiden Unternehmen schaffen.

Wenn ein Unternehmen seine Mitarbeiter an die erste Stelle setzt, gelangt der Kunde also letztlich durchaus an die erste Stelle und trägt den meisten Nutzen davon, aber auf weit transformativere Weise als durch traditionelle »Kundenbetreuungs«-Programme und dergleichen.

EFCS bedingt eine Reihe spezifischer Vorgehensweisen und Maßnahmen und einen Implementierungsrahmen und kann damit zu außergewöhnlichen Ergebnissen führen. EFCS ist auch eine »gedankliche Reise«, die ständig weitergeht, indem unterwegs neue Ideen und Initiativen Gestalt annehmen.

In diesem Buch beschreiben wir die vier Phasen der EFCS-Reise, die wir bei HCLT unternommen haben, obwohl die Phasen vielleicht besser als Bestandteile gedacht werden sollten, da tendenziell alle noch einmal in unterschiedlicher Gruppierung und Abfolge neu aufgesucht werden, wenn sich neue Initiativen entfalten. Darüber hinaus kann es durchaus auch noch einen fünften oder sechsten Bestandteil geben, den andere außerhalb unseres Unternehmens schon entdeckt haben und den wir vielleicht erst in Zukunft erkunden werden.

Ich habe dieses Buch vor allem geschrieben, um Nachdenken und Diskussion über das Konzept EFCS anzuregen, weniger um alle Fakten rund um die Transformation von HCLT zu erfassen. Stellen Sie sich dieses Buch also als eine Beschreibung der vielen Experimente, Debatten und unkonventionellen Ideen vor, die wir im Laufe der Reise, binnen eines Zeitraums, für ein spezielles Unternehmen und für dessen Angehörige zustande gebracht haben. Diese spezielle Reise ist eine Reise, die andere auf tausend verschiedene Arten für ihre eigene Situation, für jedes Team und Unternehmen, jede Branche und Kultur auswerten, anpassen und durchführen können. Da dies kein journalistischer Bericht über unser Unternehmen sein soll, habe ich die Namen einiger Personen geändert, die im Buch auftauchen, auch wenn alle auf wirklichen Personen beruhen, und einige Szenen und Gespräche sind aus dem Gedächtnis wiedergegeben und nicht aus Mitschriften oder detaillierten Aufzeichnungen hervorgegangen. Sie sollten daher als repräsentativ betrachtet werden. Ich habe im Text angegeben, wenn Namen verändert wurden.

Das Buch ist nach den vier Phasen gegliedert, die anschließend kurz skizziert werden.

Spieglein, Spieglein an der Wand: Den Bedarf für Veränderungen erzeugen

Wo soll man mit einer Veränderung beginnen? Mit einem Blick in den Spiegel. Warum entgeht so vielen Managern die fundamentale Wirklichkeit ihrer geschäftlichen Situation? Ich weiß es nicht, aber ich weiß, dass es so ist. Wir hatten 2005 die Optionen, weiterzumachen wie gewohnt oder etwas zu ändern. Wir entschlossen uns dazu, den Tatsachen ins Auge zu schauen, und die besagten, dass wir dem »Feld hinterherfuhren«. Es ist allerdings nicht damit getan, dies nur einmal zu tun. Wir lernten, dass es erforderlich ist, jeden Tag in den Spiegel zu schauen und dabei vor allem danach zu suchen, was einem am Bild *nicht* gefällt, statt sich darauf zu konzentrieren, was man gerne sieht und was die eigenen Marketing-Slogans ohnehin jeden Tag hervorheben.

Gleichzeitig ist es erforderlich, ein Bild dessen zu erzeugen, was entstehen könnte, wenn man sich verändert. Diese Projektion ist, was ich den *Zauber der Zukunft* nenne, und was die Menschen motiviert, das Gaspedal bis zum Bodenblech durchzutreten, selbst wenn die Vernunft ihnen sagt, dass sie bremsen sollten. Kapitel 1 beschreibt einige der Diskussionen und Debatten, die wir geführt, und einige der Maßnahmen, die wir ergriffen haben, um uns allen die Notwendigkeit vor Augen führen zu können, dass wir bei HCLT Veränderungen brauchten. Aber auch wenn diese Einsicht in die Notwendigkeit absolut unabdingbar ist, so ist es doch noch nicht dasselbe, wie die Veränderungen selbst tatsächlich durchzuführen.

Vertrauen durch Transparenz: Eine Kultur für Veränderungen erzeugen

Nachdem der Bedarf für Veränderungen erzeugt ist, besteht zunächst oft noch eine beträchtliche Kluft zwischen der Absicht, etwas zu verändern, und der tatsächlichen Umsetzung der Veränderungen. Kapitel 2 erläutert, dass einer der Gründe für diese Kluft in mangelndem Vertrauen zwischen Belegschaft und Management besteht, eine Situation, die heute bedauerlicherweise recht oft anzutreffen ist. Um ein Unternehmen zu transformieren, müssen die Mitarbeiter hinter dem Ziel stehen und alle zusammen darauf hinarbeiten. Aber ohne eine Kultur des Vertrauens wird es dazu nicht kommen.

Es gibt viele Möglichkeiten, Vertrauen herzustellen, und schon viele andere Autoren haben darüber gesprochen. Bei HCLT haben wir uns auf eine spezielle vertrauensfördernde Maßnahme konzentriert: die Grenzen der Transparenz auszuloten. Dabei haben wir festgestellt, dass die meisten Mitarbeiter eines Unternehmens recht gut wissen, was dort falsch läuft, mitunter noch bevor das Management es weiß, beziehungsweise bereit ist, es zuzugeben. Wenn sie diese Informationen offenlegen und die Herausforderungen publik machen, fühlen die Beschäftigten sich mitgenommen. Sie beginnen dann zu erkennen, dass die Probleme des Unternehmens tatsächlich auch ihre eigenen sind und nicht nur die des Managements. Sie erkennen, dass sie den Absichten des Managements trauen können, wenn dieses bereit ist, wichtige Informationen mitzuteilen, auch die unerfreulichen, und das offene Gespräch über die Fakten fördert. Bald werden Sie dann positive Entwicklungen an der Basis sehen, noch bevor sich das Management auf Maßnahmen und Lösungen verständigen kann. Sehr oft haben wir gesehen, wie Mitarbeiter begannen, schon an der Lösung von Problemen zu arbeiten, bevor sie überhaupt dazu aufgefordert wurden.

In harten Zeiten lässt sich überprüfen, wie es um den Mut des Managements, an den eigenen Überzeugungen festzuhalten, und um die Ernsthaftigkeit seiner Absicht, den eingeschlagenen Weg weiterzuverfolgen, bestellt ist. Wir wurden durch die Rezession 2008/2009 getestet, und wir sind auf Kurs geblieben. Dies schuf enormes Vertrauen zwischen Management und Beschäftigten – ein Vertrauen, das dem Unternehmen zugute kam, als wir aus den harten Zeiten herauskamen und das nächsthöhere Leistungsniveau anstrebten. Andere Unternehmen, die übereilt Maßnahmen getroffen hatten, um die kurzfristigen Ergebnisse zu verbessern, stehen jetzt vor einer schwierigen Herausforderung, wenn sie ihre Beschäftigten auffordern, sich voll zu engagieren, damit das Unternehmen nach der Rezession wachsen kann. Ich gehe davon aus, dass wir noch etliche Belege hierfür sehen werden, wenn wir die Leistungsentwicklung einiger dieser Unternehmen in den kommenden Jahren verfolgen.

Die Organisationspyramide auf den Kopf stellen: Eine Struktur für Veränderungen schaffen

Auch nachdem die Mitarbeiter den Bedarf für Veränderungen erkannt haben, eine Kultur des Vertrauens geschaffen ist und die Beschäftigten beginnen, Maßnahmen in Richtung positiver Veränderungen einzuleiten, können den optimalen Resultaten immer noch strukturelle Mängel im Weg stehen, und es bleibt wichtig, sich vor Augen zu führen, dass der Erfolg einer einzelnen Initiative nicht dasselbe ist wie nachhaltiger Wandel. HCLT und viele andere Unternehmen auf der Welt versuchen neuzeitliche Geschäfte in jahrhundertehalten Strukturen abzuwickeln – Hierarchien und Matrix-Organisationen, die viele Vordenker für obsolet halten.

Bei HCLT war das größte Problem in Bezug auf die Organisationsstruktur, dass sie nicht die Mitarbeiter in dem Bereich unterstützte, den wir die »value zone« (Wertzone) nennen: die Stelle, an der tatsächlich die Werte für die Kunden geschaffen werden. In einem Serviceunternehmen der Wissensökonomie befindet sich diese »value zone« an der Schnittstelle zwischen Kunde und Mitarbeiter. In traditionellen Unternehmen ist sie aber oft tief in der Hierarchie vergraben und dort arbeiten dann die Menschen, die für das Unternehmen die größten Werte schaffen. Paradoxerweise sind diese Wertschöpfer auch fast immer Chefs und Managern unterstellt –

typischerweise angesiedelt an der Spitze der Pyramide oder in sogenannten »dispositiven Funktionen« –, die keinen direkten Beitrag für die Wertzone leisten. Aber weil diese »Vorgesetzten« formale Weisungsbefugnis haben und die Wertschöpfer ihnen rechenschaftspflichtig sind, haben sie die Macht.

Um das Hauptgewicht nun auf die »value zone« zu legen, haben wir die Organisation auf den Kopf gestellt und Management und Manager, einschließlich der dispositiven Funktionen (wie Personal, Finanzen, Ausbildung usw.) denjenigen rechenschaftspflichtig gemacht, die Werte schaffen, statt umgekehrt. Ohne solche strukturellen Verschiebungen sind Veränderungen viel schwieriger, wenn nicht gar unmöglich. Und nur durch Anpassungen der Organisationsstruktur werden Veränderungen nachhaltig und können auch denjenigen überdauern, der die Transformationen eingeleitet hat. Kapitel 3 liefert wichtige Hinweise zum Umdrehen der Organisationspyramide.

Die Rolle der Geschäftsführung neu gestalten: Die Verantwortung für Veränderungen übertragen

Es ist viel über Führung debattiert worden, insbesondere nachdem so viele Unternehmen in der Rezession in solche Schwierigkeiten geraten waren, ja ganze Länder unter schwacher Führung zu leiden hatten. Führung ist von grundlegender Bedeutung für ein Unternehmen, und die Rolle der Führung ist vielleicht die am schwierigsten zu definierende in Unternehmen, die in einer Wissensökonomie konkurrieren. Einer der strukturellen Mängel traditioneller Managementsysteme ist, dass die Führungskräfte zu viel Macht besitzen. Dies verhindert, dass die Organisation demokratisiert und die Energie der Mitarbeiter freigesetzt wird. Wenn Ihr Ziel darin besteht, nachhaltige Veränderungen zu bewirken und zu verhindern, dass Ihr Unternehmen regelmäßig aus dem Rennen geworfen wird, müssen Sie gründlich über die Rolle der *Funktion* des Geschäftsführers nachdenken, nicht nur über die Rolle der jeweils gerade amtierenden Person.

In dieser Phase habe ich gelernt, dass man sich von der Vorstellung verabschieden muss, man sei als Geschäftsführer oder überhaupt als Führungskraft oder Manager die alleinige Quelle für Veränderungen. Man muss vermeiden, jede Frage beantworten und jedes Problem lösen zu wollen. Stattdessen muss man beginnen, Fragen zu stellen, andere als Quelle für Veränderungen anzusehen und die Verantwortung für das Wachstum des Unternehmens an die nächste Generation von Führungskräften zu übertragen, die näher an der Wertzone sind. Nur auf diese Weise können Sie anfangen, ein Unternehmen zu schaffen, das von innen heraus betrieben und geführt wird, in dem sich die Mitarbeiter als Eigentümer fühlen, sich für ihre Arbeit begeistern und sich auf ständige Veränderungen und revolutionäre Innovationen im Herzen der »value zone« konzentrieren. Die wichtigste Auswirkung von EFCS ist tatsächlich, wie ich in Kapitel 4 erläutere, dass der Einfluss der Vielen freigesetzt, die Vormachtstellung der Wenigen dagegen gebrochen wird, wodurch Tempo und Qualität von Innovation und Entscheidungsfindung dort erhöht wird, wo es am wichtigsten ist – in der Wertzone, Tag für Tag.

Verstehen durch Missverständnisse: Den Kreislauf der Veränderung erneuern

Es ist sehr leicht, Zielrichtung und Methoden von EFCS zu missverstehen, daher diskutiere ich in Kapitel 5 die verschiedenen Einwände, die ich zu unserem Ansatz gehört habe:

- In schwierigen Zeiten funktioniert das nicht.
- In guten Zeiten ist das nicht nötig.
- Die Kunden werden den Wert nie erkennen.
- Das erfordert Initiativen in ganz großem Maßstab.
- Das verbessert nicht die Leistung des Unternehmens.

Tatsache ist, dass die Methoden, die wir bei HCLT eingesetzt haben und die Sie auch in Ihrem Unternehmen einsetzen können, den Kunden in guten wie in schwierigen Zeiten echten Wert bringen, weder gewaltige Initiativen noch Ausgaben erfordern, und ganz klar positive Auswirkung auf die Unternehmensleistung haben.

Das liegt daran, dass diese Methoden als reine Katalysatoren, als Auslöser für positive Veränderungen angesehen werden sollten. Ich nenne sie – oder auch die Personen, die sie hervorbringen – oft *Tropfen im blauen Ozean*, nach dem Buch *Der blaue Ozean als Strategie* von W. Chan Kim und Renée Mauborgne, weil diese kleinen Ideen einen ganzen Ozean von Veränderungen erschaffen und das Unternehmen in die Lage versetzen können, völlig neue Leistungen zu erreichen, ganz gleich, wie seine gegenwärtige Situation aussehen mag.

Katalysatoren sind einfache Maßnahmen, keine ausgefeilten Programme für organisatorischen Wandel über Jahre hinweg, und können dazu beitragen, eine abgeschottete Kultur in eine Kultur zu verwandeln, die sich ständig weiterentwickeln kann. Manchmal lösen die Katalysatoren auch keine Veränderungen aus oder führen zu unerwarteten Nebenwirkungen. Das ist aber in Ordnung, denn unsere Missverständnisse führen immer zu tieferem Verständnis. Wenn sich die äußeren Bedingungen ändern, beginnt die gedankliche Reise von Neuem.

Ihre eigene Reise

Vielleicht klingen die vier Phasen oder Bestandteile, die ich in diesem Buch beschreibe, ja so, als wären sie schwierige, ja unüberwindbare Herausforderungen. Aber es braucht nur eine Idee als Katalysator, einen Tropfen, um mit der Bewältigung zu beginnen. Viele andere Führungskräfte, die viel weitreichendere Transformationen durchgeführt haben als wir bei HCLT, haben die Macht von Katalysatoren verstanden. Ich denke zum Beispiel an Mahatma Gandhis berühmten Salzmarsch nach Dandi; er zog ans Meer, um Salz zu gewinnen, aus Protest gegen die britische Regierung und ihr Salzmonopol in Indien – eine kleine Aktion, die zu einem großflächigen Aufstand im Lande führte.

Ich glaube nicht, dass die Katalysatoren, die wir verwendet haben, notwendigerweise dieselben sind, die Sie in Ihrem Unternehmen verwenden sollten, oder dass die Art, wie wir bei HCLT eine Transformation erreicht haben, auch zwangsläufig die Art ist, wie Sie Ihr Unternehmen oder Ihre Teams transformieren können. Sie müssen Ihre eigene Reise machen. Ihre Denkphasen werden wahrscheinlich anders aussehen als unsere. Auch Ihre Katalysatoren können andere sein.

Ein Gedanke aber sollte grundlegend für alle unsere Reisen gelten: Stellen Sie das konventionelle Management auf den Kopf, indem Sie die Mitarbeiter an die erste Stelle setzen.

1
Spieglein, Spieglein an der Wand: Den Bedarf für Veränderungen erzeugen

Um am Anfang anzufangen.

Zu Beginn des Jahres 2005 waren die Mitarbeiter von HCLT in Feierlaune. Das Unternehmen hatte beim Jahresumsatz die Marke von 700 Millionen Dollar überschritten. Es hatte eine gute Wachstumsbilanz vorzuweisen. Die Mitarbeiter konnten viele Geschichten über sich selbst, das Unternehmen, unsere innovativen Produkte und ihre langjährigen Verbindungen zu ihren Kunden erzählen. Die meisten Leute im Unternehmen fühlten sich gut.

Einige wenige sahen jedoch auch die Kehrseite der Medaille. Es stimmte zwar, HCLT wuchs, jedoch nicht annähernd so schnell wie die Branchenführer im Bereich IT-Services. Und trotz seines Umsatzwachstums verlor das Unternehmen in Wirklichkeit Marktanteile. Und auch sein Bekanntheitsgrad außerhalb Indiens ging aufgrund der Zugewinne, die andere Unternehmen dort verbuchten, rapide zurück. Und das Unternehmen hatte auch ein Personalproblem, da einige der talentiertesten Mitarbeiter zu Konkurrenten abwanderten.

Während viele Beobachter HCLT als einen Rennwagen betrachteten, der das Feld anführt, sahen andere die Gefahr, dass jederzeit die Bremsen versagen und der Wagen vor die Wand fahren könnte. Wie war die Lage tatsächlich? Welche Ansicht entsprach der Wirklichkeit?

Das war die fundamentale Frage, mit der HCLT konfrontiert war – dieselbe, vor der auch viele andere Unternehmen inmitten der Rezession 2008 standen: War das Unternehmen in so großer Gefahr, dass es versuchen sollte, sich zu transformieren, bevor es zu spät war? Oder sollte es den Sturm einfach über sich ergehen lassen und darauf hoffen, dass sich die Lage wieder bessert?

Wie es sich ergab, wurde ich derjenige, der diese Fragen zu stellen hatte. Ende 2004, als ich noch CEO von HCL Comnet war, einer Unternehmenseinheit von HCL, erkrankte der Vorsitzende von HCL Technologies. Kurz darauf erhielt ich einen Anruf von Shiv Nadar, dem Vorstandsvorsitzenden und Gründer des Unternehmens.

»Vineet«, sagte er, »ich möchte, dass du dir überlegst, an Bord zu kommen und HCLT zu leiten«.

Ich wusste nicht so recht, ob ich diesen Job haben wollte. Ich war sehr zufrieden bei Comnet, einer Firma, die ich zusammen mit meinem Team von Null aufgebaut und zum globalen Unternehmen gemacht hatte. Comnet galt als Pionier und Marktführer beim Remote Infrastructure Management*, einem schnell wachsenden Segment der IT-Service-Branche. Wir hatten ein unternehmerisches Umfeld geschaffen und erfolgreiche Geschäftsbeziehungen mit elf Ländern aufgebaut; unser Unternehmen wuchs schneller als die Branchenkonkurrenz. Und auch wenn ich mit dieser Unternehmensneugründung Erfolg gehabt hatte, die Führung eines großen, etablierten Unternehmens mit langer Tradition war ein Spiel in einer ganz anderen Liga. Außerdem hatte ich immer gefunden, *small is beautiful,* und die Energie, das Tempo und die Innovationen bei Unternehmen wie Comnet (heute etwa 500 Millionen Dollar Umsatz) brachten mein Adrenalin in Wallung, dieses Umfeld wollte ich nicht aufgeben.

Ich schätze, in diese Situation hatte ich mich selbst gebracht. Ich war immer ein ausgesprochener Kritiker vieler der bei HCLT verfolgten Strategien gewesen und hatte Shiv gegenüber mehr als einmal zum Ausdruck gebracht, dass HCLT

* Das Remote Infrastructure Management dient der Reduzierung von IT-Ausgaben in Unternehmen. Im Fokus stehen dabei die IT-Infrastruktur und die verschiedenen Applications.

meiner Meinung nach keineswegs das Rennen anführte, sondern im Gegenteil zusehends an Tempo verlor. Ich hatte allerdings nie erklärt, dass *ich* das Steuer übernehmen wollte.

Ich lehnte Shivs Angebot, den Vorsitz zu übernehmen, höflich ab und dachte, damit wäre die Sache erledigt.

Ein paar Wochen später rief Shiv aber wieder an und sagte: »Komm zu mir zum Essen. Lass uns noch mal darüber sprechen.«

Wir aßen also zusammen und diskutierten das Thema bis spät in die Nacht. Shiv wusste, welche Kräfte die IT-Branche bewegten und veränderten und welche Probleme HCLT drohten. Er hatte gesehen, was wir bei Comnet mit einem radikalen Managementstil erreicht hatten, und daraus gefolgert, dass HCLT nicht länger auf traditionelle Weise arbeiten könne. Ich sagte ihm, dass es genauso wahrscheinlich war, dass ich HCLT vor die Wand fahre, wie dass ich zu seiner Transformation beitrage. Aber Shiv war mir seit meinem Start mit Comnet 1993 ein Mentor und enger Freund gewesen, und letztlich war es unmöglich, Nein zu sagen.

»Aber«, sagte ich, »ich muss meinen eigenen Weg gehen. Ich muss die Freiheit haben, auch unkonventionelle Methoden anzuwenden.«

»Selbstverständlich«, sagte Shiv.

Und das war's dann. Er fragte mich nicht, was für unkonventionelle Methoden das genau sein könnten – und das war auch gut so, denn das wusste ich in dem Moment selber nicht.

Der fehlende Ausgangspunkt

Es gehört zu den Freuden des Lebens, die eigenen Kinder dabei zu beobachten, wie sie etwas Neues lernen.

Ich erinnere mich noch, wie meine Kinder zum ersten Mal lernten, einen Stift zu halten. Auf jede mögliche Fläche wurden dann mit dem Stift Linien gemalt. Sie waren hingerissen von der Magie dieses Werkzeugs. Nach vielem Herumgekritzel erlernten sie dann irgendwann auch die Kunst, wie man zwei Punkte mit einer geraden Linie verbindet. Diese einfache Übung bereitete ihnen viel Spaß und brachte neue Klarheit in ihr Denken. Und ist das nicht auch genau die Art, wie wir versuchen, unser Leben zu führen? Wir starten an einem bestimmten Punkt A und versuchen zu einem bestimmten Punkt B zu gelangen.

Und so verwendete ich auch in der Zeit, in der ich mich darauf vorbereitete, den Vorsitz bei HCLT zu übernehmen, eine Menge Gedanken auf die Überlegung, wo wir standen und wohin wir wollten. Und ich versuchte, unsere Lage zu vereinfachen. Ich erkannte mit einer gewissen Überraschung, dass weder ein Punkt A noch ein Punkt B klar definiert waren. Die Leute waren unterschiedlicher Ansicht, in welcher Situation sich das Unternehmen gerade befand (raste es voran oder stand ein Crash bevor?), und niemand hatte klar erklärt, in welche Richtung das Unternehmen steuerte oder steuern sollte. Es war ganz offensichtlich, dass Punkt A undefiniert war – oder aber das Unternehmen noch einem Punkt A verhaftet blieb, der zwar definiert worden war, aber vor langer Zeit –, weil wir ja niemals stehen geblieben waren und uns dafür die Zeit genommen hatten. Es war nur so, dass unsere Konkurrenten an uns vorbeigebraust waren und weit schneller wuchsen als wir.

Ich schaute, ob ich bei anderen Unternehmen ein Modell fand, wie wir uns verändern könnten. Bei den meisten war Punkt B relativ klar definiert. Er war in den Beschreibungen der Visionen, Missionen und Ziele enthalten. Zu meiner Verblüffung entdeckte ich aber, dass Punkt A in den meisten Fällen nicht mit der gleichen Klarheit beschrieben war. In einem sich rasch wandelnden Umfeld, das die Position eines Unternehmens ganz schnell obsolet machen konnte, hatten sie diesen entscheidenden Punkt vernachlässigt. In den meisten Fällen war eine Definition von Punkt A nur in Finanzberichten oder ähnlichen Basisdaten zu finden, die alle nur einen sehr begrenzten und absoluten Blick auf die Lage gestatteten.

Das wunderte mich. War es denn möglich, Punkt B zu erreichen, ohne zuvor erkannt und sich verständigt zu haben, wo Punkt A liegt? Ich glaubte das nicht. Kann ein Kind eine Linie zeichnen, ohne als Erstes seinen Stift auf einen bestimmten Punkt auf dem Papier zu setzen?

Diese Überlegungen machten klar, welchen Schritt wir als Erstes zu unternehmen hatten: Wir mussten unseren Punkt A definieren und schauen, wie sich die Wirklichkeit verändert hatte.

Veränderungen im Umfeld

Die Leistung eines Unternehmens im Vergleich zu seinen Konkurrenten ist nur einer der Faktoren, die seinen Punkt A definieren. Genauso wichtig ist es, die gesamte Landschaft der Branche zu beobachten, in der es tätig ist, und zu schauen, wie sie sich entwickelt. Oft hat sich die Landschaft so stark verschoben, dass der ursprüngliche Punkt A gar nicht mehr auf der Landkarte zu finden ist.

Für HCLT bestand die fundamentale Veränderung der Landschaft darin, dass in den letzten fünf Jahren die Informationstechnik immer wichtiger für die Geschäftsstrategie geworden war. Unternehmen wie Boeing, Dell, Amazon oder eBay hatten durch den Einsatz der Technik die Spielregeln so dramatisch verändert, dass sie jetzt ein völlig neues Spiel spielten, und sie überließen es ihren Wettbewerbern, ob sie aufschließen und weiter mitspielen wollten oder das Rennen ganz aufgaben.

2005 wuchs der Einfluss der Technik aufs Geschäft weiter explosionsartig, aufgrund der Entwicklungen in Telekommunikation, Web-Diensten und sozialen Medien. Die Technik war nicht nur für die Strategie in existierenden Geschäftsmodellen entscheidend geworden, sondern auch für die Schaffung und das Betreiben völlig neuer Modelle, von der Neuerfindung der globalen Lieferkette durch Li & Fung* bis zur Entwicklung eines neuen Online-Erlös-Modells durch Google.

All diese Veränderungen führten zu einer dramatisch ansteigenden Bedeutung der Position des IT-Leiters (Chief Information Officer, CIO). In der traditionellen Hierarchie hatte immer die oberste Geschäftsleitung die Strategie formuliert, das mittlere Management hatte die Strategie in konkrete Handlungsanweisungen umgesetzt, und die IT-Leute an der Basis hatten dann Mittel und Wege gefunden, um diese Handlungen zu automatisieren und so effizient und kostengünstig wie möglich zu gestalten. Im traditionellen Modell interagierten Kaufleute selten mit IT-Leuten; sie erteilten einfach Anweisungen.

Jetzt wurde von IT-Leitern jedoch erwartet, dass sie schnellere, billigere und bessere Prozesse zur Verfügung stellten, die den Unternehmen halfen, sich von ihren Wettbewerbern abzuheben und angestrebte Wettbewerbsvorteile zu erzielen. Diese Verschiebung war so dramatisch, dass sich ein neuer Karrierepfad öffnete, vom IT-Leiter (CIO) zum Geschäftsführer (CEO = Chief Executive Officer). Noch wenige Jahre zuvor sah man nur selten, dass ein IT-Leiter in die obere Führungsebene wechselte, jetzt wurde es relativ üblich. David Bernhauer, IT-Leiter bei Walgreens**, war deren Geschäftsführer geworden; Bruce Giesbrecht war von der Position des IT-Leiters bei Hollywood Entertainment auf die des Geschäftsführers gewechselt; und fünf oder sechs weitere hatten dasselbe getan. Ich war der Meinung, dieses Phänomen (das ich gern die »Wiedergeburt des IT-Leiters« nenne) signalisierte eine ganz neue Zukunft für IT-Unternehmen und ihre Geschäftsführer.

* Li & Fung, mit Sitz in Hongkong, zählt zu den größten Handelshäusern der Welt. Zu den gehandelten Waren zählen zum Beispiel: Kleidung, Sport- und Spielwaren und Einrichtungsgegenstände.

** Walgreens ist eine US-amerikanische Einzelhandelskette, die sich auf den Verkauf von Pharmazieprodukten spezialisiert hat.

In der traditionellen IT-Organisation trat der IT-Leiter oft wie ein kompetenter Hausmeister auf. In den neuen, intelligenten Unternehmen wurde von IT-Leitern erwartet, dass sie initiativ wurden, Veränderungen vorantrieben, zur geschäftlichen Flexibilität beitrugen und missionskritische Operationen managten. Mit anderen Worten: Die Hauptkunden von HCLT – die IT-Leiter und ihre Belegschaften – veränderten sich auf äußerst dramatische Weise. Der Großteil der Branche kämpfte noch, um mit dem Tempo dieser Veränderungen Schritt zu halten. Der Großteil der Mitarbeiter von HCLT hatte das Ausmaß noch gar nicht begriffen.

Wir mussten unseren Mitarbeitern die Wahrheit über diesen neuen Punkt A in der Branche und unseren eigenen Punkt A in diesem Umfeld ganz klar vor Augen führen.

Der Blick in den Spiegel

Das Verfahren, mit dem wir unsere Mitarbeiter dazu brachten, die Situation unseres Punkts A zu erkennen, erhielt schließlich die Bezeichnung *Spieglein, Spieglein an der Wand (Mirror Mirror)*.

Spieglein, Spieglein an der Wand ist eine Kommunikationsübung, zu der gehört, mit den Mitarbeitern des gesamten Unternehmens über ihre Wahrnehmung der Wirklichkeit zu sprechen und sie dazu zu bringen, diese Wahrheit anzuerkennen – den Elefanten, der im Raume steht, von dem im Grunde auch jeder weiß, dessen Existenz aber nie offiziell bestätigt wurde. Es geht darum, dass die Angehörigen des Unternehmens sich im Spiegel betrachten und genau und wahrheitsgemäß beschreiben, was sie dort sehen.

Das geht nicht einfach dadurch, dass man ein Memo herumschickt, in dem man die Leute auffordert, der Wahrheit ins Auge zu blicken. Dieser Prozess muss vielmehr persönlich erfolgen, von Angesicht zu Angesicht und gemeinsam. An dem Tag, an dem ich meine neue Rolle als Vorsitzender von HCLT antrat, stieg ich daher ins Flugzeug und begann, in den folgenden zwei Wochen unsere Firmen zu besuchen und mit so vielen Menschen wie möglich auf allen Ebenen des Unternehmens zu reden.

Meine erste Station hatte ich ganz bewusst gewählt: die Stadt Chennai im Süden Indiens, Sitz des Engineering Center, des Entwicklungszentrums von HCLT. Ein großer Teil unseres Erfolges in der Vergangenheit war durch die Fähigkeit des Engineering-Service-Teams zustande gekommen, aufkommende Techniktrends zu erkennen, entsprechende neue Produkte zu entwickeln und sie vor der Konkurrenz auf den Markt zu bringen. Ich hatte früher in meiner Laufbahn dort als Produktmanager gearbeitet und war an vielen erfolgreichen Aktionen des Teams beteiligt gewesen. Ich wusste, Chennai war der richtige Ort, um anzufangen.

Am ersten Tag meiner Reise landete ich also in Chennai, fuhr zum Hauptsitz und begann gleich wenige Minuten nach meiner Ankunft eine Sitzung mit etwa 500 Mitgliedern des Engineering-Service-Teams. Ich redete in aller Ehrlichkeit darüber, wie ich unsere gegenwärtige Situation sah – meine Definition unseres Punkts A – und sprach die Themen an, auf die ich in den kommenden Wochen immer wieder zurückkommen wollte:

- HCLT habe seinen Biss im Wettbewerb verloren, da es sich eingeschlichen habe, graduelle Veränderungen zu dulden, die nicht mit den rasanten Veränderungen der Branche Schritt hielten, und, schlimmer noch, man habe sich daran gewöhnt, dieses Tempo als akzeptablen Fortschritt zu betrachten.
- Das Unternehmen könne jedoch jeden Tag vor die Wand fahren und habe nur noch sehr begrenzt Zeit, um diese Katastrophe zu vermeiden.
- Die einzige Möglichkeit, eine Katastrophe zu vermeiden, sei, Gas zu geben, schneller zu werden und das Unternehmen und seine Arbeitsweise zu transformieren.

Nach meinen Bemerkungen machte ich eine Pause und wartete auf Reaktionen. Es gab nicht viele Kommentare. Es war, als hätte ich das Unaussprechliche ausgesprochen und der Schreck und die Verletzungen seien zu groß, als dass ein Gespräch möglich wäre. Der Stolz auf unsere Arbeit und unsere Vergangenheit kann es uns sehr erschweren, die Wahrheit zu hören, geschweige denn sie zu akzeptieren. Es gab ein paar Fragen, was wir denn jetzt machen sollten und was das alles bedeute. Viele dieser Fragen konnte ich nicht beantworten. »Ich habe auf das alles noch keine Antworten«, sagte ich. »Die werde ich auch vielleicht nie haben. Sie werden vielmehr von Ihnen kommen müssen.« Das verwirrte die Leute noch mehr. Wie konnte ich Ihnen denn erzählen, dass wir uns verändern mussten, ohne ihnen genau sagen zu können wie?

Jahre später erzählten mir einige Mitglieder des Engineering-Service-Teams, die an dieser Sitzung teilgenommen hatten, dass sie meine Bemerkungen damals sehr persönlich genommen und sich verletzt gefühlt hatten. Das Verletztsein konnte ich damals sehen, ich wusste aber, dass es nötig war, ihnen den Elefanten im Raum zu zeigen, über den sie sich Gedanken machen mussten. Ohne die Beteiligung der Mitarbeiter und ihre Akzeptanz des Punkts A würden wir Punkt B nie erreichen können.

Alle an Bord?

Als ich Chennai verließ, fragte ich mich, wohin das wohl alles führen würde. Eine Woche später war ich in den USA und besuchte unsere zahlreichen Büros dort. Zwei Wochen später war ich in London, Frankfurt und Tokio gewesen und nun wieder zurück in Bangalore und Delhi. Ich hatte mit Tausenden von Mitarbeitern, Kunden und Partnern gesprochen. In diesen Gesprächen machte ich immer wieder dieselben Bemerkungen, hörte immer dieselben Fragen und Kommentare, sah die gleiche Verletztheit und Verwirrung.

Als ich mich mit den Leuten aus dem Unternehmen traf und die Gesichter der Mitarbeiter in den Versammlungen sah, kam mir oft ein Bild aus meiner Kindheit wieder in den Sinn. Als ich noch ein kleiner Junge war, verreiste unsere Familie manchmal mit dem Zug. Wir begaben uns dann zum Bahnhof und warteten, bis der Zug endlich kam. Wenn er schließlich einfuhr und zum Stillstand kam, trat der Schaffner auf den Bahnsteig und rief mit dröhnender Stimme: »Alles einsteigen!« Da gab es dann kein Halten mehr in der wartenden Menge. Alle stürmten los in der Hoffnung, einen Sitzplatz zu ergattern. Ich fand es immer toll, den Ruf des Schaffners zu hören und zu sehen, was für eine unmittelbare Reaktion er auslöste.

Auf diesen frühen Versammlungen sah ich mich selbst als Schaffner, der »Alles einsteigen!« rief. Die Reaktion war allerdings weit weniger lebhaft als damals auf dem Bahnhof. Ich begann mich zu fragen: Werden die Leute wohl einsteigen? *Müssen* alle einsteigen? Woran erkenne ich überhaupt, ob sie an Bord sind? Je mehr Versammlungen und Gespräche wir führten, desto klarer wurde, dass manche definitiv an Bord kommen würden, andere mit Sicherheit nicht und wieder andere noch unentschlossen waren.

Ich gab den drei Gruppen Namen: Transformierer, verlorene Seelen und Zaungäste.

Transformierer: Die Transformierer hatten schon lange darauf gewartet, dass der Schaffner endlich »Alles einsteigen!« ruft. Auf unseren Treffen waren sie aggressiv bis wütend auf das Unternehmen und seine Situation. Sie wollten sofortige Veränderungen, schneller noch als wir konnten. Sie hatten dasselbe im Spiegel gesehen wie ich. Sie waren frustriert, dass es ihnen bisher nicht möglich gewesen war, die Veränderungen durchzuführen, die sie für erforderlich hielten. Sie fühlten sich durch die Organisation wie gelähmt.

Obwohl ich natürlich mit ihnen sympathisierte, verstand ich doch nicht so recht, warum sie sich gelähmt fühlten. Was hinderte sie denn daran, Veränderungen herbeizuführen? Was hielt sie davon ab? Erst viel später begriff ich, dass für ihre Frustration weitgehend die Organisation selbst verantwortlich war. Infolgedessen hörten mich die Mitglieder dieser Gruppe zwar mit der Hoffnung an, dass meine Aussagen über Veränderungen wahr werden würden, aber auch mit Skepsis, ob wirklich etwas passiert.

Auf einer Versammlung stellte mir ein Transformierer eine vielsagende Frage: »Vineet«, sagte er, »danke, dass Sie gekommen sind und uns zugehört haben. Aber werden wir Sie denn auch jemals wiedersehen?«

Das saß. Besonders weil 500 Leute im Saal gespannt auf meine Antwort warteten. Ehrlich gesagt wusste ich nicht, wann oder ob ich diese Gruppe einmal wiedersehen würde, aber ich war noch nicht so weit, dass ich in meinen Antworten so transparent werden konnte, wie ich es später wurde. Ich weiß nicht mehr genau, wie meine Antwort lautete, aber die Transformierer sagten mir, sie sei nicht überzeugend ausgefallen.

Verlorene Seelen: Die zweite Gruppe sind die Leute, die ich die verlorenen Seelen nenne. Sie saßen mit einem Stirnrunzeln in den Versammlungen. In ihren Augen war alles, was wir taten oder vorschlugen, vergebens und verkehrt. Ihre negative Haltung ging über ihre Einstellung zu konkreten Plänen hinaus. Sie waren überzeugt, dass absolut gar nichts, was wir tun, kein Plan, den wir entwerfen könnten, jemals etwas ändern würde.

Diese Ansicht wäre ja vielleicht noch hinnehmbar gewesen, wenn sie sie für sich behalten hätten. Aber die verlorenen Seelen haben die Neigung, lautstarke Kommentare abzugeben und ihre Haltung deutlich zum Ausdruck zu bringen, sie bremsen die Energie in jeder Versammlung, an der sie teilnehmen, in jedem Team, dem sie angehören. Wenn ich etwas sagte wie »Ich weiß nicht, wie wir das schaffen werden, aber vertrauen Sie mir, wir werden es schaffen«, dann stürzten sich die verlorenen Seelen auf meine Worte. Für sie war das Eingeständnis, dass ich etwas nicht wusste, gleichbedeutend mit

Inkompetenz. Sie sahen es nicht als Zeichen von Ehrlichkeit oder Transparenz an.

Auch wenn ich sie verlorene Seelen nenne, glaube ich eigentlich nicht, dass diese Leute mit Absicht hemmend waren, dass sie böse Absichten hatten oder keine positiven Beiträge leisten könnten. Vielleicht war ihnen nicht einmal klar, wie negativ sie herüberkamen. Ich glaube, sie selbst betrachteten sich oft als Realisten, als Leute, die die Wahrheit aussprechen, die Einzigen, die wirklich verstanden hätten, wie die Dinge liefen oder eben nicht.

Zaungäste: Die dritte Gruppe Mitarbeiter, die größte der drei, nenne ich die Zaungäste. Diese Leute sagten in den Versammlungen am wenigsten und stellten kaum einmal Fragen, aber sie beobachteten die Transformierer und die verlorenen Seelen ganz genau. Wenn sich unsere Blicke trafen, lächelten sie mich immer an. Sie sagten nette Sachen über HLCT, wenn es von ihnen erwartet wurde. Aber sie befanden sich ganz klar im Modus »Zuschauen und abwarten«.

Nachdem ich die drei Gruppen klassifiziert hatte, dachte ich darüber nach, wie ich so viele von ihnen wie möglich an Bord holen könnte. Zu dieser Zeit hatte ich Malcolm Gladwells Buch *Tipping Point* noch nicht gelesen, in dem er analysiert, wie Menschen als »Verbindungselemente« und Verkäufer fungieren, die soziale Bewegungen unaufhaltsam an einen Wendepunkt bringen. Aber mir war schon bewusst, dass ich eine kritische Masse von Mitarbeitern in meine Veränderungsbemühungen einbinden müsste und dass 10 Prozent der gesamten Mitarbeiterschaft des Unternehmens dafür durchaus ausreichen würden – vorausgesetzt, es waren die richtigen Leute.

Daher beschloss ich, mich auf die Transformierer zu konzentrieren. Könnte ich die an Bord holen, würden viele Zaungäste folgen. Und wenn immer mehr Leute in den Zug einstiegen, dann würden die verlorenen Seelen entweder verstummen oder das Unternehmen verlassen oder sogar selbst mit einsteigen.

Ich stellte allerdings fest, dass die Transformierer bei allem Veränderungswillen clever und aufmerksam sind und sich nicht reinlegen lassen. Sie hören genau zu, was man sagt, aber sie glauben nicht den Worten, sondern nur den Taten. Wie wir sehen werden, braucht es also mehr als den begeisterten Ruf »Alles einsteigen!« und das Versprechen einer strahlenden Zukunft, um sie für sich zu gewinnen und ihre Unterstützung und ihr Engagement zu erhalten.

Ein weiterer externer Faktor: Die Entschuldigungskultur

Als die Gespräche weitergingen, wurde mir allmählich klar, dass noch ein weiterer Faktor zur gegenwärtigen Lage unseres Unternehmens und zur Einstellung der Beteiligten beitrug. Dieser Faktor hatte etwas mit dem externen Umfeld des Unternehmens zu tun, aber nicht so sehr mit der IT-Landschaft im Besonderen, sondern mehr mit dem globalen wirtschaftlichen Umfeld im Allgemeinen. Ich nenne ihn die *Entschuldigungskultur*.

Mein Nachdenken darüber begann als Reaktion auf ein kurioses Verhaltensmuster mancher unserer Manager. Die sahen zwar in den Spiegel, erkannten dort auch die wahre Lage des Unternehmens, sahen aber dennoch keine Veranlassung, etwas zu tun. Sie hatten sich selbstzufrieden und gemütlich in ihrer Wirklichkeit eingerichtet und glaubten, absolut alles, was schieflaufe, liege an Umständen jenseits ihrer Macht. Sie hatten für alles eine Entschuldigung:

»Die Wirtschaftslage ist halt furchtbar, da kann man nichts machen.«

»Die Geschäftsführer von Riesenkonzernen gehen wegen ungeheuerlicher Gesetzesverstöße ins Gefängnis, warum sollte man sich da selber noch an hohen Standards orientieren?«

»Ganze Unternehmen gehen Bankrott und Banken brechen zusammen, da können wir doch froh sein, dass wir überhaupt noch im Geschäft sind.«

Solche Überlegungen machten mich zwar wahnsinnig, führten mir aber auch noch einmal ganz deutlich vor Augen, wie wichtig es war, die Leute in den Spiegel schauen zu lassen, um die Wahrheit so vollständig wie möglich zu erkennen. Erst dann würden wir solche Entschuldigungen überwinden können.

Meine eigene Erfahrung mit dem Spiegel

Lassen Sie mich hier hinzufügen, dass es nicht nur die Angestellten sind, die in den Spiegel blicken müssen, und dass nicht nur die Beschäftigten gut darin sind, externe Faktoren für eigene mangelnde Leistungen verantwortlich zu machen. Führungskräfte und Geschäftsführer meiden den Blick in den Spiegel genauso gern und finden ebenso viele Entschuldigungen für sich selbst.

Glücklicherweise hatte ich selber einige Erfahrung darin, der Wirklichkeit ins Auge zu sehen – auf ganz persönlicher Ebene. Meine erste Erfahrung mit dem Spiegel hatte ich kurz nach meinem Beginn bei HCL als Management-Trainee 1985. Ich hatte gerade meinen MBA an der XLRI School of Business and Human Resources gemacht. Ich hatte bewusst in ein kleines Unternehmen eintreten wollen, weil ich nach meiner Überzeugung dort schneller Einfluss auf die Ergebnisse nehmen konnte als in einer großen Organisation. Mit meinen vielen Ideen, wie ich HCL besser machen und zu seinem Wachstum beitragen wollte, war ich absolut zuversichtlich, dass ich ganz schnell aufsteigen würde. Nach nur drei Wochen Ausbildung sprach mich dann jedoch ein höherer Manager an und nahm mich beiseite, um mir zu erklären, dass ich wahrscheinlich keine Zukunft bei HCL hätte. Ich war geschockt. »Warum?«, fragte ich. »Weil Sie unseren Produkten nicht genügend Aufmerksamkeit schenken«, sagte er. »Sie interessieren sich nur für Strategie.«

Ich traute meinen Ohren nicht. Ich mühte mich, irgendetwas zu finden, was ich sagen könnte, wurde aber schließlich nur rot und sagte gar nichts.

»Schauen Sie, Vineet«, sagte der Manager. »In unserem Geschäft geht es um Produkte. Wenn Sie die nicht beherrschen, werden Sie bei HCL nicht weit kommen. Genauer gesagt werden Sie nicht über die nächste Woche hinauskommen.«

Ich ging nach Hause und verbrachte den Abend damit, frustriert und wütend in meinem Zimmer auf und ab zu laufen und mir zu überlegen, was ich tun sollte. Ich war der Meinung, der Manager habe eine sehr engstirnige Geschäftsauffassung, und war voll und ganz überzeugt, dass er in Bezug auf mich total daneben liege.

Kurz bevor ich dann ins Bett ging, sah ich mich im Spiegel. Da sah ich nicht den weltbesten MBA, den zukünftigen Topmanager, der ich gern sein wollte. Stattdessen sah ich da einen jungen Trainee, der in Wirklichkeit nicht genug Zeit darauf verwendet hatte, sich über die Feinheiten der Produkte und Dienstleistungen seines Unternehmens sowie ihre Unterschiede zur Konkurrenz zu informieren. Ich räumte ein, dass der Manager nicht ganz unrecht gehabt hatte. Mir wurde klar, dass ich nicht in einem Technologieunternehmen würde arbeiten können und erwarten könnte, dort ein höherer Manager zu werden, wenn ich nicht einen vollständigen Überblick über das Angebot des Unternehmens hätte. Ich hatte die Realität nicht klar gesehen.

Dieses Bild rettete mich. Ich beschloss, das Erlebnis als Chance zu begreifen. Ich versprach mir, dass ich meine Perspektive ändern würde. Ich ging am nächsten Morgen wieder zur Ausbildung und arbeitete fleißig daran, die Produkte und Dienstleistungen des Unternehmens kennenzulernen, und einen Monat später wurde ich mit der Rolle des Geschäftsleiters in unserem Büro in Mumbai betraut, einem der härtesten Jobs des Unternehmens.

Dies war das erste Mal, dass ich das Erlebnis hatte, in den Spiegel zu schauen, dort die Wahrheit zu erkennen und zu beschließen, dass eine Veränderung erforderlich war. Jetzt war es nötig, dass ich das wieder tat. Ich musste in den Spiegel schauen und mich und das Unternehmen, das ich führen sollte, dort in aller Ehrlichkeit erkennen.

Wenn man beim Blick in den Spiegel die Vergangenheit sieht

Als ich unsere Mitarbeiter in den Spiegel blicken sah, geschah etwas Seltsames. Ich bemerkte, dass viele von ihnen geradewegs in die Vergangenheit starrten, so als ob sie im Rückspiegel die Landschaft betrachteten, durch die wir zuvor gefahren waren.

Zuerst verstand ich das nicht.

Ich war zuvor schließlich zwölf Jahre bei Comnet gewesen und an das dortige unternehmerische Hochgeschwindigkeits-Umfeld gewöhnt. Bei einer Unternehmensgründung geht es von Natur aus um den Wunsch, etwas zu verändern: eine Technik, ein Unternehmen, die Welt. Wenn wir bei Comnet in den Spiegel schauten, erhaschten wir da einen Blick in die Zukunft.

Daher brauchte ich erst eine Weile, bis ich erkannte, dass bei HCLT viel zu viele Leute auf die Vergangenheit fixiert waren. Sie sahen 27 Jahre Leistung. Aufregende Wachstumssprünge. Nationale Anerkennung und Stolz. Kein Wunder, dass das Unternehmen erfüllt war von Nostalgie bezogen auf die Landschaft von gestern. Womöglich war dies die einzige Blickrichtung, die Freude und Trost brachte. Die Gegenwart war viel zu frustrierend. Die Zukunft zu unbekannt.

Trifft das nicht auf viele heutige Unternehmen zu? Vielleicht auch auf Ihr eigenes?

Wir bei HCLT mussten jedenfalls aufhören, in die Vergangenheit zu schauen.

Aber wie sollte ich das stoppen? Sollte ich den Spiegel ganz brutal wegreißen? Sollte ich sagen »Ihr schaut hier in den Spiegel und meint, HCLT liege immer noch in Führung. Aber in Wirklichkeit ist HCLT längst nicht mehr der Spitzenreiter von einst«?

Nein, damit würde ich mich nur verhalten wie der traditionelle, autoritäre Vorstandschef. Außerdem würde diese Vorgehensweise die Leute nur deprimieren, verletzen, in Schockstarre versetzen, statt sie zum Handeln anzuregen.

Ich musste ein sensibles Gleichgewicht wahren. Einerseits mussten die Leute erkennen, dass HCLT nicht mehr der Spitzenreiter von einst war. Andererseits wollte ich auch nicht den großen Stolz beschädigen, den die Mitarbeiter in Bezug auf ihr Unternehmen und seinen einstigen Ruhm empfanden. Stolz kann eine große Kraftquelle sein, wenn er mit dem Wunsch gepaart ist, etwas zu verändern.

Die einzige Lösung, auf die ich kam, war, eine Vision zu erschaffen, auf die unsere Leute sich freuen konnten, ein Bild, das viel attraktiver war als alles, was sie sahen, wenn sie in die Vergangenheit blickten, und so verlockend, dass sie ganz gespannt sein würden, was kommt.

Aber was sollte das für ein Bild sein? Wie sollte unsere Zukunft aussehen?

Überraschende Gespräche mit Kunden

Im Verlauf der Spiegel-Periode traf und sprach ich, ergänzend zu meinen Treffen mit den Mitarbeitern auf der ganzen Welt, auch viele Kunden.

An eines dieser Treffen erinnere ich mich sehr lebhaft. Es war ein Treffen mit dem IT-Leiter eines globalen Unternehmens. HCLT hatte gerade ein großes, zeitkritisches Projekt für das Unternehmen zum Abschluss gebracht, das extrem gut gelaufen war. Ich betrat den Konferenzraum, wo das HCLT-Team und der IT-Leiter auf mich warteten. Ich rechnete mit einem breiten Lächeln, Händeschütteln und Schulterklopfen für mich und hörte schon die Sektkorken knallen.

Doch ganz im Gegenteil erhielt ich vom IT-Leiter nur ein kurzes Hallo, dann widmete er seine Aufmerksamkeit dem HCLT-Team. »Ich möchte Ihnen allen für die exzellente Arbeit danken, die Sie bei diesem Projekt geleistet haben«, sagte er. »Sie haben nicht nur alle unsere Anforderungen erfüllt, sondern sind noch weit über unsere Erwartungen hinausgegangen. Und es war eine Freude, mit Ihnen zusammenzuarbeiten.« Dann umarmte er jeden Einzelnen von ihnen. Dann erst wandte er sich an mich. »Vineet«, sagte er, »Sie sind gerade erst an Bord gekommen. Sie wissen ja gar nicht, was für ein Glück Sie haben, dass so wunderbare Leute für Sie arbeiten.« Ich war überrascht und gerührt von der Emotion in seiner Stimme.

Die Szene machte dauerhaften Eindruck auf mich.

Nicht lange danach nahm ich an einem ganz anderen Treffen mit einem Kunden teil. Diesmal war das Projekt eine einzige Katastrophe gewesen. Wir hatten es nicht geschafft, pünktlich fertig zu werden, und wir hatten die Projektspezifizierungen nicht erfüllt. Als ich den Raum betrat, in dem das Projekt-Team auf mich wartete, war ich darauf vorbereitet, dem Kunden zu erläutern, wie wir unsere Fehler wiedergutmachen würden.

Bevor ich noch ein Wort sagen konnte, schaute er mir in die Augen und sagte: »Vineet, Ihre Leute haben getan, was sie konnten. Das Problem war nur, dass Ihre Organisation sie nicht anständig unterstützt hat. Wäre das der Fall gewesen, dann bin ich sicher, sie wären in der Lage gewesen, unsere Vorgaben zu erfüllen.« Er war sauer auf mich, nicht auf das Team.

Und wieder war ich von den Bemerkungen überrascht und bewegt.

Keiner der Kunden hatte ein Wort über unsere Dienstleistungen und Produkte verloren. Sie hatten nur über die Teammitglieder gesprochen, die Angestellten, mit denen sie zusammengearbeitet hatten. Könnte es sein, dass sie in den individuellen Mitarbeitern, die diese Dienste leisteten, einen höheren Wert sahen als in den Dienstleistungen und unterstützenden Techniken selber?

Generation Y

Die Beobachtung der IT-Landschaft sowie die Gespräche mit Mitarbeitern und Kunden veranlassten mich, mir einmal die Mitarbeiter genauer anzusehen, die hauptsächlich die Werte für unsere Kunden schafften. Ich sah, dass besonders eine Gruppe sich anders verhielt als alle anderen und mit hoher Wahrscheinlichkeit aus Transformierern bestand: die Mitarbeiter der Generation Y*.

Im Unterschied zu den schon länger beschäftigten Mitarbeitern, die sich an die traditionelle Organisation gewöhnt hatten, zeigten sich die jüngeren Leute überhaupt nicht davon beeindruckt, dass ich Vorstandsvorsitzender war. Titel und Positionen interessierten sie nicht besonders; sie schauten nicht nach oben, um nach der Richtung zu fragen. Sie stellten mir zwar präzise Fragen. Aber sie erwarteten keine perfekten Antworten oder überhaupt eine Lösung. Sie glaubten an Kooperation. Sie lernten gern. Sie teilten alles – Informationen, Musik, Ideen, Gefühle. Sie verbrachten viele Stunden (nicht alle davon während der Arbeitszeit, wie ich hoffe) bei Orkut, Facebook, MySpace oder YouTube, und viele von ihnen schrieben ihre eigenen Blogs, um ihre Gedanken mit der Welt zu teilen.

Diese Leute waren die entscheidenden Mitglieder der Teams gewesen, um die sich meine Gespräche mit den Kunden gedreht hatten. Sie waren diejenigen, die die eigentliche

* Die Generation Y umfasst nach allgemeinem Verständnis die nach 1980 geborenen Menschen. Sie sind die Nachfolgegeneration der Generation X und werden auch als Digital Natives bezeichnet.

Arbeit leisteten. Diejenigen, die sich mit den Kunden trafen. Die unsere Produkte und Dienstleistungen lieferten. Die sich durch die Probleme arbeiteten. Die Unterstützung und Anerkennung verdienten.

Ich erkannte, dass sie der Wert an sich waren, den wir unseren Kunden zur Verfügung stellten. Zusammen schufen sie die Wertzone (value zone) in der Unternehmensorganisation. Ohne sie, ohne diese Wertzone, wäre HCLT nichts als eine Hülle, gefüllt mit Managementebenen und Datensammlern mit Regelungsfunktion und Prozessen, die den Kunden nichts zu bieten hatten.

Das war der Grund, warum dieser erste Kunde jedes einzelne Teammitglied umarmt hatte, mich aber nicht. Und warum der zweite Kunde mich für das Scheitern des Projekts verantwortlich gemacht hatte, nicht aber das Team. Sie sahen, dass das Management nicht in der Wertzone lebte, nicht einmal in ihrer Nähe. Sie erkannten, dass das Management der Wertschöpfung zuweilen sogar in die Quere kam. Das Management sagte zu den Beschäftigten der Wertzone nicht: »Wie können wir euch helfen?« Stattdessen verschwendete es ihre wertvolle Zeit und Energie dadurch, dass es sie endlose Präsentationen über irrelevante Dinge für sich anfertigen ließ und Berichte darüber, was sie getan hatten oder nicht.

Wir mussten nicht nur aufhören, ihre Zeit zu verschwenden, sondern auch eine Möglichkeit finden, wie wir die Wertzone ins Zentrum der Organisation rücken konnten.

Die jahrhundertealte Pyramide

Diese Beobachtungen machten mir klar, dass wir auch der Organisation selbst den Spiegel vorhalten mussten, nicht nur den Mitarbeitern. Wie sah die Wirklichkeit der Organisationsstruktur bei HCLT aus?

Es bereitete mir nicht viel Mühe zu erkennen, dass es sich hier um eine traditionelle Hierarchie handelte – die jahrhundertealte Pyramide, mit den Wenigen an der Spitze, den Meisten an der Basis und den Vielen irgendwo dazwischen. Als value zone (Wertzone), also der Ort, wo die entscheidende Arbeit des Unternehmens geleistet wurde, waren lange die Forschungs- und Entwicklungs- sowie die Herstellungsabteilung angesehen worden, wo die Produkte geschaffen und produziert wurden. Dort waren die schnelleren Chips entwickelt, neue Techniken ersonnen, intelligente Extras ergänzt worden.

Aber wie meine zahlreichen Gespräche mit Kunden sowie meine Beobachtungen bei den Transformierern der Generation Y gezeigt hatten, hatte die neue Wissensökonomie das alles geändert. Die Wertzone lag nun nicht mehr bei der Technik selbst und ganz bestimmt nicht bei bestimmten Hardware- oder Software-Elementen. Denn die Kunden konnten jetzt unter zahlreichen Techniken einer Vielzahl von Anbietern wählen, die es ihnen wahrscheinlich alle ermöglichen würden, ihr Ziel zu erreichen.

Die Wertzone lag jetzt vielmehr bei der Art und Weise, wie diese Techniken zusammengebracht und implementiert wurden – im *Wie* unseres Angebots, weniger im Was. Aber die betreffenden Leute wurden in der archaischen Pyramide nicht ausreichend respektiert und unterstützt. Sie war eher dafür errichtet worden, diejenigen mit hierarchischer Macht zu preisen als diejenigen, die Werte für die Kunden schaffen.

Die Wertzone unterstützen

Über dieses Problem dachte ich lange nach. Wie konnten wir die Wertzone stärken? Wie konnten wir den Fokus weg vom *Was* unseres Angebots hin zum *Wie* des Wertelieferns verschieben? Was könnte das Management anders machen?

Mir kam ein radikales Bild in den Sinn: eine umgedrehte Pyramide. Wie wäre es, wenn wir die traditionelle Organisation auf den Kopf stellten? Wie wäre es, wenn das Management der Wertzone und den Leuten dort rechenschaftspflichtig wäre statt umgekehrt? Wie wäre es, wenn die Organisationspyramide *umgedreht* werden könnte? Die Basis käme dann nach oben, die Spitze nach unten.

Zuerst die Mitarbeiter.

Dann die Kunden.

Und als Drittes ... das Management?

Wenn wir das schafften, hätten wir dann nicht etwas sehr Machtvolles erreicht? Würde uns das nicht in die Lage versetzen, die Art und Weise zu transformieren, wie wir unseren Kunden Werte liefern, und die Zone zwischen unseren Kunden und unseren Mitarbeitern zu etwas ganz Besonderem zu machen?

Schließlich kann nicht jedes Unternehmen ein innovatives neues Produkt oder eine Dienstleistung erfinden; nicht jedes Unternehmen kann Google oder Facebook sein. Wir müssen eben andere Wege finden, wie wir uns abheben können, wie wir echte und erkennbare Werte für unsere Kunden schaffen. Aber würde uns nicht vielleicht diese Art von Transformation von unseren Konkurrenten abheben und uns in die Lage versetzen, ganz alten Ballast abzuwerfen? Würde uns das nicht helfen, uns mehr mit unseren Mitarbeitern zu befassen und ihre Fantasie zu beflügeln? Wäre eine solche Transformation von Grund auf nicht nachhaltiger? War dies der Weg, wie wir den Wettbewerbsvorteil erzielen konnten, den wir so dringend brauchten?

Ich wusste, die Antwort lautete: Ja.

Sehnsucht nach Punkt B: Der Zauber der Zukunft

Die umgedrehte Pyramide war der Keim der Idee, die schließlich, nach vielen Diskussionen mit meinem Management-Team und Leuten aus dem ganzen Unternehmen, ihren Ausdruck in der Formel Employees First, Customers Second (EFCS – im Deutschen *Zuerst der Mitarbeiter, dann der Kunde*) fand.

Es sind allerdings zwei sehr verschiedene Dinge, dass eine Führungskraft eine Idee hat und dass eine Organisation diese Idee umsetzt. Ich wusste, dass es nicht ausreichte, wenn ich vor unseren Mitarbeitern nur Reden halten würde über Organisationsstrukturen, Wertzonen, Alleinstellungsmerkmale gegenüber der Konkurrenz und EFCS. Sondern ich musste es schaffen, dass jeder von ihnen ein Bild unseres zukünftigen Punkts B vor Augen hatte, der ja das von ihnen so geliebte Bild der Vergangenheit ablösen sollte.

Und dieses Bild würde attraktiv sein müssen. Wenn ein Teenager in den Spiegel schaut, was sieht er oder sie da? Barack Obama. Oprah Winfrey. Steve Jobs. Oder A. R. Rahman, der für die Musik zum Film *Slumdog Millionaire* zwei Oscars gewonnen hat. Die Teenager verfallen dem Zauber der Zukunft, der Sehnsucht nach Punkt B. Ich wollte, dass unsere Mitarbeiter wieder wie Teenager werden, mit der Vision endloser Möglichkeiten vor Augen.

Daher verbrachte ich diesen Frühling Hunderte von Stunden damit, mit Leuten aus dem ganzen Unternehmen zu reden und dabei die Idee der umgedrehten Pyramide zu erörtern sowie ihren Zusammenhang mit der Idee von *Zuerst der Mitarbeiter – dann der Kunde*. Ich wollte, dass sie die Notwendigkeit verstanden, dass wir alles umkrempeln mussten, dass das Management eine dienende Funktion für die Mitarbeiter in der Wertzone zu übernehmen hatte und dass wir mehr von den Charakteristika der Generation Y am Arbeitsplatz brauchten. Ich wollte aber auch, dass sie verstanden, dass diese Veränderungen nicht bedeuteten, dass wir all das Gute abwerten wollten, das HCLT über die Jahre erreicht hatte, oder die hervorragenden Leute, die wir in unserer Belegschaft hatten.

Um herüberzubringen, was ich meinte, verwendete ich Geschichten und Metaphern, wie ich das auch heute noch tue und was ich auch hier in diesem Buch praktiziere. »Denken Sie an den Diamantschleifer«, sagte ich. »Der beginnt mit einem rohen Stein und verwendet dann sein ganzes Geschick darauf, ihn schön zu machen. Oder denken Sie an die Töpferin. Die geht von Lehm als Rohstoff aus und formt daraus eine wunderbare Vase. Gäbe es nichts Unvollkommenes auf der Welt, dann brauchten wir auch keinen Diamantschleifer und keine Töpferin. Dasselbe gilt auch fürs Geschäft. Würden Sie lieber in einem Unternehmen arbeiten, in dem alles perfekt ist und nichts verändert werden muss? Oder wären Sie lieber in einem Unternehmen, das transformiert werden muss?«

Genau wie bei unseren Diskussionen über den Punkt A stellten wir auch jetzt bei unseren Diskussionen über Punkt B fest, dass die Menschen in drei mittlerweile erwartete Kategorien zerfielen: Transformierer, verlorene Seelen und Zaungäste. Obwohl die Geschichten und Metaphern unsere Transformierer beflügelten, schien es doch zunächst so, als würde es niemals genug von ihnen geben, um einen Wendepunkt erreichen zu können. Aber während die Leute mit der Zeit immer bessere und präzisere Fragen stellten und unsere Gespräche immer tiefer und aufrichtiger wurden, begeisterten sich doch nach und nach immer mehr Mitarbeiter für das Bild von der umgedrehten Pyramide. Sie verstanden, dass der Grund, warum das Unternehmen zu einem besseren Arbeitsplatz werden würde, darin bestand, dass das Management darauf angewiesen war, dass sie Veränderungen herbeiführten. Und es kamen nicht nur immer mehr Leute im Unternehmen mit an Bord, sondern es begannen sogar viele frustrierte Transformierer zurückzukehren, die das Unternehmen verlassen hatten.

Den Weg der drei Helden beschreiten

Während wir bei HCLT diesen Prozess durchliefen, dachte ich an meine drei persönlichen Helden – Mahatma Gandhi, Nelson Mandela und Martin Luther King – und daran, wie sie in ihren Gesellschaften Transformationen erreicht hatten. Ich erkannte, dass sie nicht nur viele Reden gehalten und großen Einsatz gezeigt hatten, sondern auch für weit mehr als ihre einzelnen Aktionen bekannt waren: Sie hatten die Denkweise ihrer Leute transformiert, und diese neue Art des Denkens sollte ihr eigenes Leben weit überdauern.

Diese großen Führungskräfte hatten ihre Strategien nicht so entworfen, dass sie sich mit ein paar Vertrauten ins stille Kämmerlein zurückzogen und dann vor die Massen traten, um eine Erklärung zu verkünden. Nein, sie liefen unablässig durch die Straßen ihres Landes, trafen sich mit den Leuten und sprachen mit ihnen. Dabei hielten sie ihren Gesellschaften den Spiegel vor und halfen den Menschen zu erkennen und zu artikulieren, was falsch lief. Diesen Führungskräften gelang es, bei ihren Leuten innere Unzufriedenheit über den Stand der Dinge zu erzeugen, ohne dabei ihre vergangenen Leistungen zu schmälern oder sonst etwas Negatives über die Vergangenheit zu sagen. Gandhi, Mandela und King halfen ihren Leuten, den Punkt A zu erkennen. Und sie arbeiteten mit ihren Leuten daran, eine Zukunftsidee zu entwickeln, den Punkt B, der die Leute einen Wandel herbeisehnen ließ. Die entstandene Mixtur aus Unzufriedenheit, beschworenem Stolz und gespannter Vorfreude war ein stark berauschender Trank, dem schwer zu widerstehen war.

Ich behaupte natürlich nicht, dass wir bei HCLT die Einzigen waren, die diesem Transformationspfad folgten. Viele andere Unternehmen entwarfen auch ihre eigenen Versionen unserer Übung *Spieglein, Spieglein an der Wand* und entwickelten ihre eigenen Verfahren, um ihren Punkt A und Punkt B herauszufinden.

Und auch wenn im Fokus dieses Buches die Schilderung steht, wie wir die Übung *Spieglein, Spieglein an der Wand* im Jahr 2005 eingesetzt haben, um unseren Transformationsprozess auszulösen, so haben wir während der weltweiten wirtschaftlichen Schwierigkeiten 2008 dasselbe auch noch einmal gemacht. Wir hielten uns damals wieder den Spiegel vor und schauten, wo wir standen und wie wir auf die Situation reagierten. Mit anderen Worten ist der Spiegel-Prozess nur ein Element in einem ständigen Kreislauf. Er half uns 2005, uns zu verändern. 2007 holten wir den Spiegel wieder hervor, damit wir klar sehen konnten, welche Fortschritte wir gemacht hatten, und damit wir feiern konnten. Und als sich 2008 die Herausforderungen geändert hatten, vor denen unser Unternehmen stand, sahen wir wieder hinein. Es ist ganz wichtig zu verstehen, dass die Idee von *Spieglein, Spieglein an der Wand* im Lauf des Lebens eines Unternehmens immer wieder angewandt werden muss, nicht nur einmal.

Ich begriff in diesen Frühlingstagen des Jahres 2005 nicht ganz, wohin wir unterwegs waren. Ich sah, dass die Leute in den Spiegel geblickt und viele von ihnen die Realität unseres Punkts A erkannt hatten. Das hatte die erforderliche Sehnsucht nach Veränderungen ausgelöst. Ich hatte auch den Eindruck, dass die Idee *Zuerst der Mitarbeiter – dann der Kunde* zu greifen begann. Doch als wir das Unternehmen jetzt so weit hatten, dass es die Gegenwart erkannte und die Möglichkeiten der Zukunft sah, entdeckte ich, dass es keinen Verbindungsweg zwischen diesen beiden Punkten gab. Mir wurde klar, dass wir auf unserer Transformationsreise erst den allerersten Schritt zurückgelegt hatten.

Das schwerste Stück Weg lag in Wirklichkeit noch vor uns.

2
Vertrauen durch Transparenz: Eine Kultur für Veränderungen erzeugen

Der Sommer brach an. Eines drückend heißen Nachmittags saß ich in meinem Büro und fragte mich: Was machen wir als Nächstes?

Die Spiegel-Übung hatte ihren Zweck erfüllt: Sie hatte uns geholfen, die Realität unserer Lage zu sehen, Unzufriedenheit mit dem Status quo zu erzeugen und Hunger auf Veränderungen im Unternehmen zu machen. Die Angst und Besorgnis, die manche in dieser Zeit zum Ausdruck gebracht hatten, war weitgehend neuer Energie und Aufregung gewichen. Die Leute fühlten sich gut, wenn sie über Bewegung und Wachstum sprachen und darüber, wie wir wieder ein großes Unternehmen werden könnten.

Hinter dieser Aufregung verbarg sich jedoch noch jede Menge Skepsis und Unsicherheit.

Die Idee *Zuerst der Mitarbeiter – dann der Kunde* klang zwar vielversprechend – wie sollte das auch nicht gut klingen, wenn man Mitarbeiter war –, aber was bedeutete das genau? *Wie* würden wir die Mitarbeiter an die erste Stelle setzen, und warum sollten die Kunden an die zweite Stelle? Hieß das, wir wollten die Gehälter erhöhen und jeden Freitag Pizza-Partys veranstalten? Hieß das, wir wollten tatsächlich unsere Organisationsstruktur verändern? Hieß das, wir müssten mit unserer Arbeit nicht mehr im Rahmen der Budgets bleiben und nicht mehr die Zeitpläne einhalten, die uns die Kunden gesetzt hatten? Meinten wir es wirklich ernst damit, so viel Gewicht auf die Mitarbeiter in der Wertzone legen zu wollen? Oder war das nur oberflächliches Gerede, das dazu beitragen sollte, dass sich die Leute gut fühlten? Oder noch schlimmer, war das nur ein Vorbote für geplanten Personalabbau?

Die Leute begannen über die Zukunftsvision von HCLT zu debattieren, und das nahm ich als gutes Zeichen. Es war lange her, dass die Mitarbeiter so interessiert daran gewesen waren, wohin wir steuerten, dass sie sogar auf Versammlungen und in der Mittagspause darüber diskutierten. Es war lange her, dass sie den Eindruck hatten, man interessiere sich dafür, was sie zu sagen hatten, und würde es sogar bei der Arbeitsweise des Unternehmens berücksichtigen. Das war für sich genommen ja schon mal ein Wandel, aber es war noch lange nicht die Transformation, die wir anstrebten. Als nächsten Schritt mussten wir genau herausfinden, wohin wir strategisch gehen wollten und wie wir praktisch da hinkommen konnten.

Diese Ziele können sehr schwierig erscheinen, wenn man noch mitten im Prozess ist, herauszufinden, wie man sie erreichen kann. Da sind so viele Hebel zu bewegen, so viele Leute zu beeinflussen, so viele Vorgehensweisen denkbar. Ich hatte natürlich selbst nicht alle Antworten. Ich kannte nicht einmal alle Fragen, die gestellt werden mussten. Ebenso wenig war ich vertraut mit den spezifischen Problemen in allen unseren Geschäftszweigen oder internationalen Aktivitäten. Ich beschloss, es sei an der Zeit, ein Treffen mit meinen hundert wichtigsten Managern einzuberufen, um mit ihnen zu diskutieren, wie unsere Zukunft aussehen sollte und wie wir dorthin gelangen könnten.

Das *Blueprint*-Meeting

Anfang Juli 2005 kam aus allen Ecken der Welt per Flugzeug mein A-Team in Delhi zusammen, die hundert besten und hellsten Köpfe des Unternehmens, um an einer dreitägigen Konferenz teilzunehmen. Viele von uns hatten sich zwar zuvor schon in unterschiedlichen kleineren Gruppen getroffen, aber dies war das erste Mal, dass wir alle zusammenkamen, um uns einer speziellen Frage zu widmen: Was sollen wir als Nächstes zusammen tun?

Als Nächstes. Zusammen. Das waren die entscheidenden Wörter. Konnten wir die Antwort auf die Frage finden: »Was tun wir als Nächstes, zusammen?« Wir gaben dem Treffen den Titel Blueprint (im Deutschen: Blaupause), und unser Ziel bestand darin, einen Verbindungsweg von Punkt A nach Punkt B zu zeichnen.

Für den ersten Tag hatte ich vor, meine Ausgangsideen für unsere Strategie zu präsentieren. Diese waren aus einer Menge Arbeit mit einer Gruppe sehr fähiger Mitglieder meines strategischen Marketingteams hervorgegangen. Wir hatten viele strategische Optionen erörtert und sie schließlich auf zwei eingegrenzt. Die eine der beiden Ideen – mit den Global Playern um viel größere Kundenengagements zu konkurrieren – erschien ziemlich kühn, vielleicht zu kühn für uns, bot aber die größten und beträchtlichsten Chancen für HCLT. Die andere war konventioneller und weniger wagemutig, brachte dafür aber wahrscheinlich nur schrittweise Verbesserungen. Beide hatten ihre Vorzüge, und ich war geteilter Meinung, ebenso wie viele andere Mitglieder meiner Marketing-Gruppe – so sehr, dass wir gleich zwei Versionen für meine Präsentation vorbereitet hatten: eine für die kühnere, eine für die bescheidenere Strategie. Den Abend vor der Konferenz blieb ich lange wach und überlegte zwischen beiden Lösungen hin und her. Und als ich schließlich zu Bett ging, war ich mir immer noch nicht sicher, welchen Weg ich nun einschlagen sollte.

Am nächsten Morgen wurde ich um 5 Uhr wach und griff zu meinem Handy. Darauf las ich die SMS eines meiner Teammitglieder: »Vineet. Nimm die große Idee. Wir stehen alle hinter dir.«

Die Nachricht machte mir Mut, erschien mir aber auch etwas seltsam. Hieß das, sie würden *nicht* hinter mir stehen, wenn ich Plan B verfolgte? Ich erkannte, dass es die großen Ideen waren, die die talentiertesten Leute anziehen und das

Beste aus ihnen herausholen. Meine Kollegen teilten mir mit, dass sie den großen Wurf wagen wollten, das Unmögliche.

Ich dachte zurück an eine Entscheidung von ähnlicher Tragweite, die ich 1993 getroffen hatte: auf Grundlage der Idee Remote Network Management das Unternehmen Comnet zu gründen. Wir waren damals der Meinung, dass die Idee attraktiv sei und riesiges Potenzial habe, allerdings auch große Risiken berge. Wir beschlossen trotzdem, es zu machen, und das Ergebnis war absolut der Mühe wert. Die Erinnerung an die damalige Entscheidung half mir bei meinem jetzigen Entschluss. Ich simste zurück ans Team: »Wir nehmen die kühne Idee!«

Aber was war mit den hundert besten und hellsten Köpfen, die ich zum Treffen eingeladen hatte? Würden sie den Plan unterstützen, den ich mit dem Marketingteam entworfen hatte? Ich hatte ein flaues Gefühl im Magen, als ich aufstand. Das Letzte, was ich wollte, war im Übereifer zu hoch zu greifen und auf die Nase zu fallen. Aber die Antwort würden wir nie bekommen, wenn wir die Frage nicht stellten.

Mein Marketingteam und ich trafen früh im Konferenzraum ein. Wir dachten wohl, wenn wir vor allen anderen da wären, würden wir unsere Erfolgsaussichten verbessern. Aber bald rollten dann auch die übrigen hundert an. Es wurden Hände geschüttelt, alte Freunde umarmt. Es wurde viel gelächelt. Nettigkeiten wurden ausgetaucht. Aber mein Magen revoltierte immer noch.

Schließlich saßen alle. Das Licht wurde gedimmt. Ich ging zum Podium. Eine Kommunikationsstrategie, die bei mir immer sehr gut funktioniert, ist, mich gleich direkt auf die Hauptidee zu stürzen. Wenn Sie direkt in den ersten Minuten auf den Elefanten im Raum hinweisen, begeben Sie sich auf einen Weg, der entweder zum Erfolg oder in die Katastrophe führt – einen Weg weitgehend ohne Wendemöglichkeit.

»Lassen Sie mich Ihnen fünf interessante Fakten mitteilen«, begann ich. »Fakt Nummer eins: Der weltweite IT-Outsourcing-Markt hat einen Wert von etwa 500 Milliarden

Dollar. Die Branche wird von den Global Playern dominiert, wie etwa IBM, Accenture oder EDS. Fakt zwei: Die fünf indischen Top-IT-Unternehmen, einschließlich HCL, sind an diesem Markt mit 6 Milliarden Dollar beteiligt. Das ist gerade mal 1 Prozent.«

Ich machte einen Moment Pause. Ich wollte, dass sich alle darauf konzentrierten, wie riesig unser Markt war, wie winzig unser derzeitiger Anteil und wie eng das Segment, in dem wir uns bewegten.

»Fakt drei: Die indischen IT-Anbieter scheinen sich mit diesem einen Prozent zufrieden zu geben. Sie haben sich an ein Geschäftsmodell gewöhnt, das enge Dimensionen hat und leicht zu bewältigen ist. Wettbewerbsvorteile werden erzielt, indem man junge Ingenieure mit Hochschulabschluss einstellt und ausbildet, die eingesetzt werden, um qualitativ hochwertige Dienste zu leisten.«

Ich machte wieder eine Pause. Jeder wusste, dass dies die Wahrheit über unsere Branche war und wir uns schon seit Jahren auf einen schier endlosen Vorrat an Talenten verließen, um Größe aufzubauen.

»Fakt vier: IT-Outsourcing-Kunden suchen bei ihren Global IT-Playern höhere Transparenz, größere Flexibilität und mehr Aufmerksamkeit und sind zunehmend frustriert von ihren Lieferanten, weil die nicht immer liefern. Fakt fünf: Das Komplett-Outsourcing-Modell, das in den 1990er-Jahren dominierte, weitgehend unter Führung der Big Four, und bei dem die Kunden mit Zehnjahresverträgen geknebelt wurden und die Kontrolle über ihre IT verloren, funktioniert bei den Kunden nicht mehr. Sie möchten lieber einiges an Kontrolle zurückhaben und mit den Outsourcern lieber zusammenarbeiten, als ihnen alles zu überlassen.«

Nachdem die Fakten nun auf dem Tisch lagen, war es an der Zeit, zum Lösungsvorschlag überzugehen. »Wir wissen, dass von den G-1000, den tausend größten globalen Unternehmen, die Top 200 recht gut bedient werden«, sagte ich. »Die G-200 sind die Kunden, hinter denen alle her sind, und am häufigsten werden sie von den Big Four erwischt. Warum konzentrieren wir uns dann nicht einfach auf die nächsten 800, diejenigen, die nicht so gut bedient werden? Es gibt keinen Grund, warum wir unsere Dienste nicht integrieren könnten, sodass wir den kompletten IT-Lebenszyklus für unsere Kunden managen und eher die Rolle eines Partners als eines Lieferanten übernehmen könnten. Diese Art von Verträgen bringt Hunderte Millionen Dollar.«

Das war nun in der Tat eine kühne Idee. Sie verursachte einige Unruhe in der Zuhörerschaft. HCLT bot zu dieser Zeit eng umgrenzte IT-Services an, die im Allgemeinen kleinere Verträge bedeuteten. Die meisten unserer Kundenbeziehungen waren nicht die Art strategischer Partnerschaften, die Global Player mit ihren Kunden eingingen.

Es gab ein, zwei nervöse Huster. Die Leute rutschten auf ihren Stühlen herum. Ich schaute zu meinem Team hinüber, sah dort ermunterndes Kopfnicken und fuhr fort.

»Gut, wie gehen wir vor, um solche Geschäfte an Land zu ziehen? Wie schaffen wir es, dass Unternehmen anders über HCLT denken? Indem wir einen greifbaren strategischen Unterschied bieten, der auf drei Grundüberzeugungen beruht. Erstens werden wir eine Art von Flexibilität und Transparenz bieten, die Kunden noch nie gesehen haben, weder von uns noch von unseren neuen direkten Mitbewerbern, den großen Global Playern. Zweitens werden wir uns ganz konsequent auf Wertzentriertheit ausrichten. Ich meine damit, dass wir unsere ganze Energie darauf konzentrieren, den Wert zu erhöhen, den wir für unsere Kunden schaffen, statt zu versuchen, das Geschäftsvolumen auszuweiten, das wir mit ihnen erzielen. Und drittens und am wichtigsten werden wir einen neuen Standard für die Werte setzen, die wir tatsächlich liefern. Und an dieser Stelle kommt Employees First, Customers Second (*Zuerst der Mitarbeiter – dann der Kunde*) ins Spiel. Denn das ist es, was uns in die Lage versetzen wird, die positive Energie und Leidenschaft unserer Mitarbeiter freizusetzen, ein gewaltiges *Wow!* in der Wertzone auszulösen, das zu unserem wichtigsten Alleinstellungsmerkmal werden wird.«

Ich machte eine Pause und ließ das erst mal eine Weile sacken.

»Das geht natürlich nicht über Nacht«, fuhr ich fort. »HCLT von einem Lieferanten abgegrenzter Outsourcing-Services zu einem strategischen IT-Service-Partner zu machen, vom Entwickler technischer Lösungen zum Investor in geistiges Eigentum, wird fünf Jahre dauern. Es erfordert eine Neuorganisation der Unternehmensstruktur, von einer Ansammlung von Geschäftseinheiten hin zu einer Matrixorganisation, die Services integrieren kann und das weltweit.« Und ich wusste, es würde noch weit mehr erfordern, wie ich im Weiteren schilderte: »Wir werden Mitarbeiter ›verjüngen‹ müssen, die ihren Enthusiasmus verloren haben, veraltete Verfahrensweisen verbessern, strategische Partnerschaften aufbauen sowie neue Produkte und Dienstleistungen entwickeln.« Ich schloss mit den Worten: »Wir dürfen unsere Zeit und Energie nicht darauf verschwenden, kleine, leicht zu gewinnende, nichtstrategische Chancen zu verfolgen, aber wir können auch nicht versäumen, jedes Jahr zu wachsen. Kurz: Wir haben höllisch viel Arbeit vor uns.«

Ich blätterte die letzte Seite meiner Notizen um. Ich blickte ins Publikum und bat darum, das Licht wieder etwas heller zu drehen. Die hundert Mitglieder unseres A-Teams hatten sehr aufmerksam zugehört, aber ich sah nicht viel Ausdruck auf ihren Gesichtern.

»Jetzt würde ich gern von Ihnen hören«, sagte ich, »macht diese Strategie Sinn? Was denken Sie darüber?« Ich schaute hinüber zu den jungen Kollegen meines Teams. Sie schienen kollektiv den Atem anzuhalten.

Ich wartete. Stille. Nichts. 30 Sekunden vergingen. Eine Minute. Ich schwöre, es vergingen zwei volle Minuten, und es hatte immer noch keiner ein Wort gesagt. Das hatte es noch nie gegeben. Ich konnte mich an kein einziges Mal erinnern, dass Mitglieder dieser Gruppe so widerwillig gewesen waren, ihre Meinung zu äußern. Schließlich hob ein Geschäftsführer aus Europa, den ich hier einmal Alex nenne, seine Hand.

»Ja, Alex«, sagte ich, »was meinen Sie?«

»Vineet«, sagte er, »Sie müssen verrückt sein.«

»Kann sein«, sagte ich. »Wieso meinen Sie?«

»Wir haben so etwas noch nie gemacht«, sagte er. »Wir haben keine Ahnung, wie wir mit den Global Playern konkurrieren sollen. Wir werden alles kaputtmachen, was wir in den vergangenen Jahren aufgebaut haben. Statt hinter so großen Verträgen her zu sein, sollten wir erst mal in der Umsetzung unseres derzeitigen Geschäftsmodells besser werden.«

Ich sagte nichts. Ich wollte mich jetzt nicht darauf einlassen, meine Gedanken zu verteidigen. Ich wollte eine Debatte. Eine Managerin ergriff das Wort.

»Ich stimme Alex zu«, sagte sie. »Einen großen Sprung zu machen ist ja gut und schön, aber wir dürfen doch nicht unsere Kernkompetenz vernachlässigen. Das ist ein Rezept, das geradewegs ins Desaster führt.«

Die Temperatur im Raume stieg. Die Leute begannen auf ihren Stühlen hin und her zu rutschen und miteinander zu flüstern. Ein Geschäftsführer aus den USA stand auf. »Ich stimme Vineet zu«, sagte er. »Unser gegenwärtiges Geschäftsmodell ist veraltet. Unsere Mitarbeiter wissen das. Unsere Kunden wissen das. Unsere Konkurrenten wissen das. Haben wir denn nicht bereits der Realität ins Auge geschaut und gesehen, wo wir stehen? Sehen wir denn nicht, dass uns jeden Tag Kunden weglaufen? Dass unsere Aktionäre scharfe Fragen zu unserer Zukunft stellen? Talentierte junge Leute das Haus verlassen und zu unseren Konkurrenten wechseln? Wir sind schon gut in unserem gegenwärtigen Geschäftsmodell, aber es funktioniert nicht mehr!«

Eine weitere Stimme ließ sich hören: »Wir sind jetzt seit zwei Jahrzehnten in dieser Branche tätig und waren viele Jahre die Nummer eins – aber in den letzten fünf Jahren kein einziges Mal mehr. Jetzt sind wir nicht einmal mehr unter den Top drei. Wir müssen einfach einen kühnen Schritt wagen!«

Weitere Stimmen erhoben sich im Raum, und bald war eine hitzige Diskussion im Gange. Ich hielt mich zurück. Ich wollte, dass jetzt das A-Team redet und nicht ich. In Wirklichkeit spielte es auch gar nicht die entscheidende Rolle, was sie nun über die globale Service-Strategie sagten. Wichtig war nur, dass sie jetzt über Tatsachen redeten, statt immer nur über die prima klingenden normalen Pläne und Programme, die uns nur immer weiter reinreißen würden. Das waren hier schließlich die hundert hellsten Köpfe des ganzen Unternehmens. Wenn die beschlossen, meinen Plan zu zerreißen, war ich zuversichtlich, dass sie stattdessen etwas genauso Großes und wahrscheinlich Besseres hervorbringen würden. Wir brauchten zwar eine große Veränderung, aber es musste ja nicht unbedingt die sein, die ich vorgeschlagen hatte.

Und so ging die Diskussion weiter. Ich wollte, dass alle Kommentare geäußert und bis zur Erschöpfung diskutiert würden.

Der Vertrauensquotient

Die Strategiediskussion nahm auf unserem Blueprint-Meeting den größten Teil des ersten Tages in Anspruch. Ich hörte zu und beobachtete, wie sich im Laufe des Nachmittags drei unterschiedliche Positionen herauskristallisierten.

Die Transformierer waren begeistert von der Idee, dass es zu Veränderungen kommen sollte, und wollten nichts dagegen hören. Ihr Enthusiasmus war mitreißend und ansteckend, auch wenn er noch nicht so ganz auf Realität und Praktikabilität fußte.

Die Zaungäste glaubten zwar durchaus, dass etwas Neues getan werden musste, aber sie hatten doch noch einige Fragen und Besorgnisse hinsichtlich der globalen IT-Service-Strategie, und einige von ihnen schlugen andere Strategien vor, die wir verfolgen könnten. Sie stellten weitere Fragen, lieferten ergänzende Informationen und arbeiteten daran, zu einem Entschluss zu gelangen.

Verlorene Seelen, also die Negativdenker innerhalb der großen HCLT-Gemeinde, waren unter den hundert hellsten Köpfen unseres A-Teams nicht vertreten. Eine dritte Gruppe gab es aber durchaus, sie bestand aus den »Ja-aber«-Managern, wie ich sie nenne. Bei jeder Idee, jedem Vorschlag hatten diese Manager einen Einwand. »Das ist ja alles schön und gut«, hieß es dann, »aber ...« Und bei diesem »Aber« ging es immer darum, dass diese Idee niemals funktionieren würde oder dass man jene Idee schon einmal ausprobiert habe oder dass diese Lösung viel zu viel kosten würde oder niemals verwirklicht werden könnte. Diese Art von »Ja, aber« hatte ich in meiner Laufbahn schon oft gehört. Ich hatte gesehen, wie solche Einwände eine Organisation davon abhalten können, die nackte Wahrheit zu erkennen. In diesem Fall sahen die »Ja-aber«-Manger die vorgeschlagene Strategie als ein zu großes Risiko an, sowohl für sich selbst als auch für das Unternehmen. Bei jedem neuen Vorschlag fanden sie neue Gründe, warum das niemals funktionieren würde, und viele ihrer Vorbehalte waren auch völlig plausibel.

Aber als der Nachmittag allmählich in den Abend überging, hatten die Transformierer ihren Enthusiasmus mit einer Dosis Realität gezügelt. Die Zaungäste waren einer nach dem anderen zu ihrem Entschluss gekommen. Und die Einwände der »Ja-aber«-Leute waren entkräftet oder zerstreut. Am Ende erreichten die Top 100 den Konsens, dass wir einen kühnen Schritt brauchten, dass die Bereitstellung integrierter Services Sinn machte und dass die Prinzipien Transparenz, Flexibilität und Wertzentrierung sowie der Ansatz EFCS ein schlagkräftiges Alleinstellungsmerkmal für HCLT schaffen würden.

Ich war beeindruckt von der Qualität der Gespräche und vom Engagement des Managementteams. Als ich in das Treffen gegangen war, hatte ich mir noch die Frage gestellt, ob wir wohl die Leute an Bord hätten, die wir brauchten. Jetzt war ich mit einigen wenigen Fragezeichen sicher, dass dies der Fall war.

Am Ende des Tages ging ich dann zum Podium, um die Sitzung zu schließen. »Ich wollte Ihnen danken für die Gespräche«, sagte ich. »Weil Sie zum Ausdruck gebracht haben, was Ihren Kopf und Ihr Herz bewegt. Nachdem wir jetzt ein allgemeines Einverständnis über unsere Strategie erreicht haben, kommen wir zum schwierigsten Teil überhaupt – zur Umsetzung und zum Change Management. Das wird unser morgiges Diskussionsthema.«

Ich machte eine Pause und schaute ins Publikum. Ich war geradezu erschrocken und beunruhigt, was ich da sah. Von einem Moment auf den anderen hatte sich der Ausdruck auf den Gesichtern der Manager verändert. Noch vor einem Moment hatten sie zwar müde, aber doch zufrieden gewirkt, zuversichtlich, dass wir unsere Meinungsunterschiede beigelegt hatten, und so, als ob man nach langen guten Gesprächen am Ziel angelangt sei. Warum schauten denn jetzt so viele von ihnen so unsicher? Warum wendeten einige den Blick ab, wenn ich in ihre Gesichter schaute? Was hatte ich denn gesagt?

Und dann begriff ich das Problem. Ich hatte die Wörter »Umsetzung« und »Change« (Veränderung) ausgesprochen. Diese zwei Wörter hatten den veränderten Gesichtsausdruck bewirkt. Ich sah, dass viele Mitglieder meines Führungsteams nicht wirklich das Vertrauen hatten, dass sie die Strategie würden umsetzen und die komplexen organisatorischen Veränderungen managen können. Ihnen fehlte das Vertrauen, dass ich die Strategie würde umsetzen können, dass ihre Mitarbeiter sie umsetzen könnten, dass das ganze Unternehmen die Sache würde durchziehen können.

Ich war konfrontiert mit dem Unterschied, ob man von einer Idee nur überzeugt ist oder ob man auch darauf vertraut, dass sie umgesetzt werden kann. Wir haben alle schon einmal gesehen, wie große Redner auf riesigen Versammlungen reden und die Massen für sich gewinnen. Der Redner beschreibt in bewegenden Worten eine große Vision, einen völlig neuen

Weg in die Zukunft. Die Menge jubelt und schreit ihre Zustimmung heraus. Und dann gehen die Leute nach Hause und denken: »Das war ja eine große Rede, aber was dieser Mensch gesagt hat, wird niemals Wirklichkeit werden.«

Ich wollte sicher sein, dass ich mich nicht täuschte. Alle Augen waren auf mich gerichtet, und ich konnte sehen, dass zwar ein paar Manager zuversichtlich waren, dass wir die vor uns liegenden Herausforderungen würden bewältigen können, aber nicht genug von ihnen.

»Tja, Vineet«, sagte ich da zu mir, »das wird so nicht funktionieren. Ohne das Vertrauen des Managementteams ist das Spiel vorüber, ehe es noch richtig begonnen hat.«

Im Rückblick frage ich mich, wie ich überhaupt hatte annehmen können, dass sie mir vertrauen würden. Was wir da vorgeschlagen hatten, war schließlich ziemlich radikal. Warum *sollten* sie mir da vertrauen? Bloß weil ich sie darum bat? Nein, das ist kein Grund, jemandem zu vertrauen, schon gar nicht in der heutigen Welt. Mitarbeiter misstrauen Managern zwar schon, seit es Mitarbeiter und Manager gibt, aber ich war mir sicher, das Misstrauen, das in der Organisation herrschte, war tiefer als je zuvor. Wir haben im letzten Jahrzehnt sehr viele Geschäftsleute und Manager gesehen, die gelogen und gestohlen und das Vertrauen ihrer Leute und Unternehmen missbraucht haben. Das Misstrauen der Menschen gegenüber Autoritäten und Macht erstreckt sich auf alle Lebensbereiche. Daher ist der *Vertrauensquotient*, insbesondere in Bezug auf unternehmerische Führung, überall auf der Welt auf dem niedrigsten Stand aller Zeiten. Sollten Sie selbst Geschäftsführer oder leitender Manager sein, sollten Sie sich nicht einbilden, Sie als Führungskraft oder Ihr Unternehmen, egal wie erfolgreich, seien gegen dieses Problem immun. Es ist zwar ganz natürlich, wenn man als Geschäftsführer oder leitender Manager denkt: »Ich bin ja schließlich nicht so wie die Leute, die da aus ihren Unternehmen geworfen wurden oder im Gefängnis gelandet sind. Meine Leute kennen mich doch. Die wissen doch, dass ich ein vertrauenswürdiger Mensch bin.«

Dann schlage ich Ihnen dennoch vor, dass Sie sich das noch einmal überlegen. Wenn eine Firma mehr als ein paar hundert Leute umfasst, dann werden die meisten davon Sie nicht kennen. Sie selbst wissen dann zwar, dass Sie vertrauenswürdig sind, aber die anderen nicht. Ich glaube, Ihr persönlicher Vertrauensquotient dürfte niedriger sein, als Sie denken – wahrscheinlich ein ganzes Stück niedriger.

Falls ich vor diesem Blueprint-Meeting noch Illusionen bezüglich meines Vertrauensquotienten gehabt haben sollte, dann hatte ich sie am Ende der Diskussionen dieses ersten Tages jedenfalls nicht mehr. Missverstehen Sie jetzt bitte nicht, was ich sage. Ich sah kein *Misstrauen* in den Gesichtern meiner Manager. Ich sah nur kein völliges, 100-prozentiges Vertrauen. Dass man Ihnen nicht misstraut, reicht aber nicht aus, wenn man sich an eine bedeutende Transformation begeben will.

Ich erkannte auch, dass sich der Mangel an Vertrauen nicht nur gegen mich richtete. Die Leute hier im Raum vertrauten sich auch untereinander nicht 100-prozentig. Nach allem, was ich ihren zweifelnden Blicken entnehmen konnte, war klar, dass sie auch nicht völlig überzeugt waren, dass ihre Kollegen schaffen würden, was wir gerade beschlossen hatten. Und wenn sie kein Zutrauen zu ihren Kollegen hatten, dann war das Misstrauen vermutlich gegenseitig.

Was eigentlich schon vor Beginn des Blueprint-Meetings hätte offensichtlich sein müssen, war nun zur Gewissheit geworden: Bevor wir auch nur irgendetwas taten, würden wir es erst einmal schaffen müssen, Vertrauen innerhalb der Organisation aufzubauen. Nicht Vertrauen in mich, die Führungskraft. Nicht Vertrauen in eine bestimmte Strategie. Sondern gegenseitiges Vertrauen.

Mangelndes Vertrauen, so hatten wir erfahren, war das bedeutendste »Ja, aber« von allen.

Die Natur des Vertrauens

Ich habe über die Jahre hinweg viel über Vertrauen nachgedacht, da ich mit Menschen zusammenarbeitete, die sagen: »Ich möchte, dass Sie mir vertrauen.« Oder: »Wir müssen ein Vertrauensverhältnis aufbauen.« Über solche Aussagen habe ich mich immer gewundert. Was soll damit tatsächlich ausgesagt werden? Ich habe auch sehr viel über Vertrauen gelesen. David Maister zum Beispiel schreibt über das Management professioneller Dienstleistungsunternehmen, in denen das Vertrauen zwischen Beratern und Kunden äußerst wichtig und sehr persönlich ist. Eines der Bücher, an denen er mitgeschrieben hat, heißt *The Trusted Advisor*. Maister sagt, es gebe vier Dimensionen des Vertrauens:

Glaubwürdigkeit: Glaubwürdigkeit entsteht durch professionelle Fachkenntnis. Wenn eine Person profunde Kenntnisse hat und gute praktische Arbeit leistet, haben Sie Vertrauen in das, was sie oder er sagt und tut.

Besaß ich auf unserem Blueprint-Meeting Glaubwürdigkeit? Vielleicht. Bestimmt war ich glaubwürdig, als ich über die Lage unserer Geschäfte sprach. Aber wie sollte jemand wissen, ob ich vertrauenswürdig war, wenn ich über langfristige Strategien redete?

Verlässlichkeit: Verlässlichkeit offenbart sich in Handlungsweisen über die Zeit hinweg. Wenn Sie die Handlungen einer Person beobachtet haben und diese respektieren, werden Sie wahrscheinlich darauf vertrauen, dass diese Person tut, was sie oder er sagt, dass die Person zuverlässig ist und sich auf eine bestimmte Weise verhalten wird.

Hielten mich meine Manager im Juli 2005 für verlässlich? Wahrscheinlich hielten sie mich weder für verlässlich noch für nicht verlässlich, weil sie einfach nicht genug Erfahrung mit mir hatten, um das für sich zu entscheiden.

Intimität: Bei diesem Aspekt des Vertrauens geht es um Emotionen. Man spürt instinktiv, ob man mit einer bestimmten Person über viele Arten von Themen sprechen kann oder nicht.

Während der Monate der Spiegel-Übung vor unserem Blueprint-Meeting hatte ich Hunderte von Gesprächen mit Mitarbeitern überall bei HCLT geführt, einzeln und auf großen wie kleinen Versammlungen. Das war eine emotionale Erfahrung für alle, auch für mich. Aber meine Leute hatten noch nicht gesehen, wohin es geführt hatte, dass sie ihre Emotionen geteilt und ihr Gewissen geprüft hatten. Es könnte immer noch passieren, dass ich sie verrate.

Selbstbezogenheit: Die Selbstbezogenheit ist bei Maister der vierte Aspekt des Vertrauens. Dieser Aspekt reduziert allerdings den Vertrauensquotienten. Es geht hier um Ihre Motive und um die Dinge, die Ihnen wichtig sind. Kann ich darauf vertrauen, dass Sie über Ihr Eigeninteresse hinaus denken?

Was dachten die Manager über meine Motive? Dass ich einfach nur meine persönliche Macht vergrößern wollte? Dass ich meine Freunde auf wichtige Posten hieven wollte? Dass ich eine Menge Medienwirksamkeit erzielen wollte? Es war schwer zu erkennen, wie EFCS als Idee dem Geschäftsführer dienlich sein würde, aber die Leute stellen alle möglichen Vermutungen über die Motive einer Führungskraft an.

Wenn ich an meinen Vertrauensquotienten zur Zeit des *Blueprint-Meetings* denke und ihn anhand von Maisters vier Elementen des Vertrauens einschätze – Glaubwürdigkeit, Verlässlichkeit, Intimität und Selbstbezogenheit –, bin ich nicht mehr überrascht, dass ich in den Augen meiner hundert führenden Manager einen Mangel an Vertrauen sah. In dem Moment erkannte ich, dass unsere erste Aufgabe darin bestehen müsste, Vertrauen im Unternehmen aufzubauen.

Das Modell Familie

Wie wichtig es ist, Vertrauen aufzubauen, kennen wir aus den Familieneinheiten, in denen wir leben. Ich habe mein ganzes Leben lang die Institution Familie studiert, die ich als eine Mikroorganisation betrachte, die viele Lektionen für große Unternehmen bereithält.

Viele meiner Gedanken über Management entspringen der Beobachtung meiner eigenen Familie: meiner Eltern und Großeltern, meiner Frau und mir und unserer zwei Kinder. Wir haben das Glück, dass wir eine Menge Vertrauen in unseren Beziehungen aufgebaut haben, und ich glaube, dass wir eine starke und vertrauensvolle Familie bilden. Als ich darüber nachdachte, wie wir bei HCLT Vertrauen aufbauen könnten, schaute ich daher natürlich erst einmal, wie ich aus der Einheit Familie Erkenntnisse gewinnen könnte.

In meiner Laufbahn habe ich mich immer über die zwei getrennten Leben gewundert, die Berufstätige führen. Jeden Morgen verabschieden wir uns von unseren Familien, kommen am Arbeitsplatz an und hängen unsere Jacke an den Haken, und in dieser bequemen Jacke, die wir von zu Hause mitgebracht haben, lassen wir alle unsere Gefühle, Subjektivität, Persönlichkeit und Verbindungen zum Familienleben zurück. Wir legen unseren steifen weißen Kragen an, senken den Kopf und vertiefen uns in die Arbeit. Wir folgen dem System, den Methoden und ungeschriebenen Gesetzen der Arbeitswelt:

> Traue deinem Manager nicht.
> Reagiere nicht allzu gefühlsmäßig auf die Dinge.
> Denk daran, es ist alles nichts Persönliches; es ist alles nur Geschäft.

Das sind veraltete Denkmuster, die noch aus den frühen Jahren des Industriezeitalters stammen, als die Jobs noch weitgehend mechanisch waren und die Unternehmensorganisationen das Gefühl hatten, sie müssten sich durch Kontroll- und Befehls-Mechanismen schützen.

Auch die Familien funktionierten auf diese Weise. In der traditionellen Familie waren die Eltern die ultimative Autorität. Von den Kindern wurde erwartet, dass sie den Regeln folgten und taten, was man ihnen sagte. Anderenfalls wurden sie bestraft.

In den vergangenen Jahrzehnten hat sich die Einheit Familie jedoch beträchtlich verändert. Eltern wollen jetzt Freunde, Mentoren und Ratgeber ihrer Kinder sein. Die Kinder wollen, dass man ihnen vertraut, damit sie weitgehend unabhängig leben können.

Die besten Familien sind solche, in denen eine Kultur des Vertrauens herrscht. Die Eltern vertrauen darauf, dass die Kinder bei Problemen zu ihnen kommen. Die Kinder vertrauen darauf, dass ihre Eltern sie unterstützen und beschützen, ihnen aber auch ihre Freiheit lassen. Ich erinnere mich an die alte Geschichte von dem Kind, das bereit ist, vom Dach des Hauses in die ausgebreiteten Arme des unten wartenden Vaters zu springen, obwohl das Kind blind ist.

Wenn in einer Familie aber kein Vertrauen herrscht, kann es passieren, dass die Eltern mit ihren Kindern oder miteinander streiten. Die Kinder bekommen Probleme oder ziehen vorzeitig zu Hause aus. Die Eltern haben ihre eigenen Probleme, persönlich oder bei der Arbeit. Die Familie ist gestört oder zerbricht, und genauso können hoch leistungsfähige Unternehmen beim Fehlen eines vertrauensvollen Umfelds ihren Schwung verlieren. Aber wie, so fragte ich mich, kann man nun in einem Unternehmen die Art von Vertrauen aufbauen, die in starken Familien herrscht?

Die Elemente der Transparenz

Am zweiten Tag der Blueprint-Konferenz sprach ich mit meinem A-Team, den cleversten Managern meines Unternehmens, über die Bedeutung von Vertrauen bei HCLT.

Konnte Transparenz wirklich der Katalysator werden, der wachsendes Vertrauen auslöst? Ich war davon überzeugt, aus mehreren guten Gründen. Aber bevor ich diese jetzt erläutere, muss erst ein wenig über die Kultur bei HCLT gesagt werden. Ich habe die Situation dort oft mit Comnet verglichen, wo die Kultur viel leichter zu durchschauen war. Dort war sie weitgehend durch Innovation bei Produkten und Dienstleistungen geprägt. Wir waren der Meinung, dass wir unsere Wettbewerbsfähigkeit verlieren und unsere Führungsposition einbüßen würden, wenn wir nicht etwa alle 18 Monate eine Innovation einführten, ein neues Produkt oder eine neue Dienstleistung auf den Markt brächten. Wir betrachteten Transformation als wesentlichen Bestandteil unserer Kultur, bedingt durch die Natur unseres Geschäfts.

Das war bei HCLT offensichtlich nicht der Fall, einem Traditionsunternehmen, das in seinen frühen Jahren rasch gewachsen war und schnelle Veränderungen durchlaufen hatte. Aber als es dann größer wurde, wurde es nach und nach langsamer. Veränderungen einzuführen war schwieriger geworden und dauerte länger. Zu viele clevere Ideen blieben liegen.

Ich sah aber, dass die Kultur bei HCLT nicht ausschließlich durch Überkommenes bestimmt war. Wir hatten durchaus helle Köpfe und starke Führungskräfte, die sich von den alten Verfahrensweisen lösen wollten. Das war in der Spiegel-Übung und dann auch im *Blueprint-Meeting* ganz klar zu sehen. Wie in so vielen großen Unternehmen war es auch bei HCLT die Organisation – die archaische Pyramide –, die Leute hemmte und daran hinderte, alles einzubringen, was sie konnten und so wie sie es wollten.

Ich war der Meinung, eine Möglichkeit, um dieses ganze Talent freizusetzen, wäre, unsere Kultur partizipativer zu gestalten. Um unsere Leute dazu zu bringen, mehr zu partizipieren, sich stärker einzubringen, müssten wir eine Kultur des Vertrauens schaffen, und dazu bräuchten wir viel mehr Transparenz. Es sind hauptsächlich fünf Wege, auf denen Transparenz Vertrauen schafft:

Erstens sorgt Transparenz dafür, dass jeder Teilhaber die Vision des Unternehmens kennt und genau weiß, wie sein oder ihr Beitrag dabei hilft, die Ziele zu erreichen. Wenn man in einem Umfeld ohne Transparenz arbeitet, dann ist das so, als ob man ein Puzzle zusammensetzen wollte, ohne zu wissen, wie das fertige Bild aussehen soll.

Zweitens trägt Transparenz dazu bei, dass jeder Teilnehmer tiefes, persönliches Engagement für die Ziele der Organisation aufbringt.

Drittens ist Transparenz für Angehörige der Generation Y eine Selbstverständlichkeit. Sie selbst posten ihre Lebensgeschichten in öffentlichen Domains; da erwarten sie an ihrem Arbeitsplatz nichts anderes.

Viertens verlangen wir in einer Wissensökonomie Transparenz von unseren Kunden, sie sollen uns ihre Ideen mitteilen, ihre Zukunftsvisionen und ihre Strategien zur Lösung der Kernprobleme. Wie sollen wir ohne solche Transparenz die technischen Lösungen entwickeln, die ihr Wachstum beschleunigen und ihr Geschäft stärken? Aber wie soll ein Kunde gegenüber einem potenziellen Partner wie uns Transparenz zeigen, wenn das Unternehmen nicht einmal seinen eigenen Mitarbeitern genug traut, um ihnen gegenüber Transparenz zu zeigen?

Und schließlich beschäftigen Unternehmen wie HCLT oft Seiteneinsteiger – Leute von außerhalb des Unternehmens –, die an speziellen Projekten oder Initiativen mitarbeiten. Der einzige Weg, wie solche Außenstehenden schnell in die Gänge kommen und so effizient wie möglich arbeiten können, sind das Mitteilen aller Informationen sowie vollständige Transparenz hinsichtlich der Stärken und

Schwächen, der Probleme und Bedenken des Auftrags. Je transparenter der Prozess ist und je mehr Vertrauen die Außenstehenden in die Organisation haben, desto mehr können wir ihre Anlernzeit reduzieren, was uns wiederum Vorteile gegenüber der Konkurrenz verschafft.

Das Fenster in Amsterdam

Ich erinnere mich an einen Besuch, den ich einmal bei einem Freund in Amsterdam gemacht habe. Die riesigen Fenster seiner Wohnung gingen auf eine der Hauptgrachten der Stadt. Die Wohnung war lichtdurchflutet und in den Räumen war man ganz stark den Blicken der Leute auf der Straße und in den Grachtenbooten ausgesetzt. Die Wohnung meines Freundes war ganz typisch für die Häuser im Zentrum Amsterdams.

»Warum habt ihr denn so große Fenster?«, fragte ich meinen Freund. Eine dumme Frage vielleicht, aber nachdem er die eher offensichtlichen Gründe genannt hatte, wie etwa mehr Licht oder eine schönere Aussicht, bekam ich noch eine weit interessantere Antwort.

»Das hält das Haus sauber«, sagte er.

Er hat das damals nicht näher erläutert, aber ich verstand die Antwort so, dass je größer das Fenster ist, je mehr Glas das Haus aufweist, desto stärker auch der Dreck sichtbar wird – für einen selbst ebenso wie für Besucher und Passanten. Und wenn man den Dreck sieht, dann steigt auch die Wahrscheinlichkeit, dass man ihn beseitigt.

Ein transparentes Haus hat also einen dramatischen Effekt auf die Kultur darin.

Im Hause HCLT war es bei der Übung *Spieglein, Spieglein an der Wand* in gewisser Weise um Transparenz gegangen. Wir hatten offen und ehrlich über die Angelegenheiten des Unternehmens gesprochen. Aber diese Maßnahme war in Umfang und Dauer begrenzt gewesen und noch nicht in die Organisation und die Prozesse eingebettet.

Auf dem *Blueprint-Meeting* kamen wir nach der Unterbrechung der Sitzung am zweiten Tag noch einmal zu Cocktails und Dinner zusammen. Nachdem ich an diesem langen Abend an vielen Gesprächen teilgenommen hatte, war ich mehr und mehr davon überzeugt, dass wir inzwischen alle mehr oder weniger auf derselben Seite standen. Wir hatten zwar noch nicht alle Details geklärt und sahen noch einen langen und schwierigen Weg vor uns, aber wir hatten doch ein Gefühl der Einigkeit und Übereinstimmung erzielt.

Am nächsten Tag kamen wir alle noch einmal zusammen, um unsere Schlussfolgerungen zusammenzufassen und ein einfaches Blueprint anzufertigen, das unseren künftigen Standort, unseren Punkt B, bestimmen würde und in groben Zügen das *Was* unseres Angebots sowie, als Wichtigstes, das *Wie* angab. Schließlich gingen wir alle mit dem Gefühl auseinander, etwas zustande gebracht zu haben. Ich fragte mich, was die Manager wohl ihren Leuten über das Treffen erzählen würden, wenn sie wieder ins Büro kamen und gefragt wurden: »Na, ist es gut gelaufen?« Würden sie dann wohl sagen: »Ja, aber ...« Oder würden sie sagen: »Es liegen große Chancen vor uns. Machen wir uns an die Arbeit!«?

Ich wusste, dass jetzt alle Augen auf diesen hundert Managern ruhen würden. Jetzt lag es an ihnen, ihre eigenen Top 100 zu beeinflussen und diese dann wiederum ihre und so weiter. Auf diese Weise würden wir das gesamte Unternehmen auf unsere Veränderungsreise mitnehmen.

Ein neuartiger Ansatz zu Transparenz

Nach dem *Blueprint-Meeting* standen wir vor dem Problem, wie wir die Transparenz in der Organisation genau erhöhen sollten, um Vertrauen aufzubauen. Wie konnten wir Licht hineinlassen, so wie es die Fenster im Haus meines Freundes in Amsterdam getan hatten?

Ich wusste, dass wir nicht zu halbherzigen Maßnahmen greifen konnten. Wir mussten schon etwas mehr tun, als nur ein kleines »Transparenzfensterchen« einen Spaltbreit zu öffnen. Wir mussten ein großes Fenster ganz weit öffnen – etwas tun, was wir noch nie getan hatten, etwas versuchen, was andere Unternehmen noch nie gewagt hatten.

Im Rückblick scheinen die Lösungen, auf die wir kamen, auf der Hand zu liegen. Aber damals hatte ich keine schnellen Antworten parat. Ich bat unsere cleversten Köpfe um Ideen und forderte auch meine Manager auf, sich umzuhören. Wir bekamen jede Menge Rückmeldungen. Viele Ideen waren provokant, aber oft auch zu abwegig, zu schwer umzusetzen. Eine der Ideen machte jedoch sehr viel Sinn.

Das Fenster zur Information öffnen

Die Idee war, das Fenster zu den Finanzinformationen zu öffnen.

Zu dieser Zeit hatten unsere Leute zwar Zugang zu Finanzinformationen, die ihre eigenen Projekte betrafen, aber sie hatten keine Möglichkeit zu erfahren, wie es in ihrer Geschäftseinheit oder der Organisation als Ganzes lief. Ebenso wenig konnten sie die Leistungen ihres Teams mit denen anderer im Unternehmen vergleichen. Was wäre, wenn wir *jedem* gestatteten, die Finanzdaten *aller* Geschäftseinheiten sowie des Unternehmens einzusehen? Wäre das nicht ein großer Schritt in Richtung Transparenz? Würde das nicht dazu beitragen, eine Kultur des Vertrauens aufzubauen – indem wir zeigten, dass wir nichts zu verbergen hatten, und bereit waren, sowohl das Gute als auch das Schlechte zu teilen, genau wie man es auch in einer starken Familie machen würde?

Ich stellte die Idee zur Diskussion. Umgehend kamen die »Ja-abers«. Es gab zwei Haupteinwände.

Erstens kam die Frage auf, ob die Leute nicht demotiviert würden, wenn sie entdecken sollten, dass es bei ihnen nicht so gut lief, wie ihre Manager ihnen erzählten? Das habe ich oft gehört, von vielen Leuten.

Zweitens kam ein anderer Einwand: Was würde passieren, wenn die Informationen durch eine undichte Stelle an die Presse gelangten? Was wäre, wenn unsere Konkurrenten darankämen? Die »Ja-abers« befürchteten, dass dann die Hölle los wäre. Da schwang echte Angst mit.

Das waren bedenkenswerte Punkte, wie ich zugeben musste. Ich argumentierte jedoch, dass die Leute in dem Moment, in dem wir das Fenster zur Information öffneten, erkennen könnten, dass es mit einigen Geschäftseinheiten bergab ging oder sie im Vergleich zu anderen Einheiten weniger leisteten. Sie erhielten dann auch ein wahres Bild von der Gesamtleistung des Unternehmens. »Unsere Mitarbeiter haben uns bei *Spieglein, Spieglein an der Wand* doch gesagt, dass sie hoch hinaus wollen«, erinnerte ich sie. »Wie sollen sie denn erkennen, wie steil der Berg ist, wenn sie die Straße nicht sehen können? Birgt das Risiken? Ja, aber das gehört eben dazu, wenn man seinen Mitarbeitern trauen und ihre Bedürfnisse an die erste Stelle setzen will. Das sind dann eben die Risiken, die wir eingehen müssen.«

Wieder sah ich vorsichtige Zustimmung, mit einem Aufblitzen von Skepsis in manchen Augen.

Ich wandte mich an unser internes IT-Team. Ich war der Meinung, dass eine Nutzung unseres IT-Systems zentral für die erfolgreiche Umsetzung neuer Ideen sei. Ich war zuversichtlich, dass dieses Team praktisch jede kühne Idee ausführen und für die Mitarbeiter auf der ganzen Welt nutzbar machen könnte. Ich bat das Team, ein System zu schaffen, das jedem Mitarbeiter die finanzielle Leistung seines Teams zeigte und das an seinem oder ihrem Schreibtisch verfügbar war.

Binnen weniger Wochen stand und lief das neue System bereits. Den Mitarbeitern gefiel es sofort. Einigen Managern gefiel es weniger.

Als ich entdeckte warum, erkannte ich, dass es noch ein drittes »Ja-aber« gab, das aber keiner mir gegenüber zum Ausdruck gebracht hatte. Wenn man das Fenster zu den Informationen öffnete, fiel auch ganz viel Licht auf die Rolle der Manager. Einige fühlten sich nun den Blicken der Passanten auf den Straßen und Grachten des Unternehmens ausgesetzt. Die Leute sahen, dass einige dieser Manager kaum mehr waren als Informationssammler und -makler. Die ganze Autorität dieser Manager beruhte auf ihrer Herrschaft über die Informationen. Sobald dazu jeder Zugang hatte, war ihre Macht in Frage gestellt.

Besonders den Transformierern gefiel das neue System jedoch sehr gut. Sie nutzten die Informationen, um ihren Teams neue Energie und Richtung zu verleihen. Da nun alle Teammitglieder die Finanzdaten in derselben Version teilten, konnten sie sich besser darauf konzentrieren, welche Maßnahmen zu ergreifen waren. Mit jedem Tag verbesserte sich die Informationsanalyse. Da die Leute nun die Messlatte sehen und ihre Leistungen mit denen anderer vergleichen konnten, arbeiteten sie stärker daran, ihre eigenen Leistungen zu verbessern. Bald fügten wir auch nichtfinanzielle Informationen hinzu und machten auch die Balanced Scorecards für alle unsere Geschäftszweige mit diesem Verfahren verfügbar, sodass sie jeder auf seinem Schreibtisch sehen konnte.

Die erhöhte Transparenz führte zu schnellerem Handeln an der Basis. Sie motivierte auch die Teams, bei denen es gut lief. Sie hatten jetzt das Gefühl, dass ihr Erfolg Anerkennung fand, und arbeiteten umso fleißiger, um im Club der Top-Performer zu bleiben. Ein neuer Sinn für Zweck und Richtung wurde in den Teams deutlich sichtbar. Da sie nun die Informationen hatten, die sie brauchten, konnten sie mehr Zeit auf die auszuführende Arbeit verwenden und weniger Zeit darauf, Daten zu suchen, um die Realität ihrer Leistungen zu verstehen.

Ich sollte allerdings auch sagen, dass sich die beiden anderen »Ja-abers« durchaus als zutreffend erwiesen.

Einige Mitarbeiter waren in der Tat demotiviert durch die Informationen, die sie sahen. Und ja, einige Informationen drangen nach außen und verursachten dort Peinlichkeiten und Komplikationen. Per saldo überwog das Positive das Negative aber bei Weitem. Wenn man das Fenster öffnet, muss man halt damit rechnen, dass die eine oder andere Fliege hineingesummt kommt oder mal eine Vase umfällt und auf der Straße zerschellt.

Das Hereinströmen frischer Luft und der hellen Sonnenstrahlen machte diese kleinen Probleme jedoch mehr als wett.

Das Büro des Geschäftsführers öffnen: Das U&I-Portal

In diesen heißen Sommermonaten 2005 ist zu viel passiert, als dass ich alles erzählen könnte, aber ich möchte doch noch ein weiteres Verfahren schildern, durch das wir größere Transparenz in unsere Organisation brachten.

Wie schon erwähnt, habe ich in meiner Anfangszeit als Geschäftsführer und später als *CEO* viel Zeit damit verbracht, Niederlassungen rund um die Welt zu besuchen, um mit Mitarbeitern auf allen Ebenen zu sprechen. Ich hörte Unmengen von Fragen, die ich längst nicht alle beantworten konnte, entweder weil die Zeit zu knapp war oder aber weil ich die Antwort schlicht nicht wusste. In solchen Fällen pflegte ich zu sagen: »Schicken Sie mir eine E-Mail. Ich melde mich.«

Wenn ich das tat, wirkten viele Mitarbeiter unzufrieden und wenig überzeugt. Sie dachten, ich weiche ihrer Frage nur aus. Sie stellten sich vor, sie würden ihre E-Mail dann zwar schicken, aber nie eine Antwort erhalten. Ich hatte aber wirklich vor, ihre Fragen zu beantworten. Bei Comnet hatten wir in einem offenen Großraumbüro gearbeitet, und ich war es gewöhnt, dass mir die Leute quer durch den Raum Fragen zuriefen.

Bei HCLT mit seinen Zehntausenden von Mitarbeitern und seinen Büros rund um die Welt mussten wir allerdings erst einmal eine Möglichkeit finden, wie wir eine Entsprechung zu diesem offenen Großraumbüro schaffen konnten. Täten wir das nicht, hätte das Büro des Geschäftsführers (also die Funktion, nicht ich persönlich) zu viel Macht. Was dieses Büro sagte – oder was die Leute meinten, was es sagte –, hätte dann immer Vorrang vor allem, was andere Mitarbeiter sagten oder taten.

Wie konnten wir bei HCLT die Atmosphäre eines offenen Großraumbüros erzeugen?

Bei der Arbeit in meiner Social-Networking-Gruppe kam uns eine Idee, die wir U&I (You & I, im Deutschen: Du und Ich) nannten – ein Online-Forum, wo jeder Mitarbeiter jede Frage stellte konnte, die ich dann zusammen mit meinem Führungsteam beantworten würde. Die Idee war, eine offene Website zu schaffen, auf der jeder die Frage, den Fragesteller und die Antwort sehen konnte. Es war eine einfache Idee, von der wir hofften, dass sie eine Kultur des offenen Gesprächs begründen würde, mit weniger Gerüchten und weniger Fehlinformationen, und dass sie zu mehr Vertrauen beitragen könnte. Heute sehe ich solche Foren in vielen Unternehmen, aber 2005 war es, glaube ich, ein echter Durchbruch. Viele dieser Websites sind allerdings nicht offen genug. Sie ermöglichen den Leuten zwar, Fragen direkt an den Geschäftsführer zu stellen, aber weder die Fragen noch die Antworten können von anderen eingesehen werden. Solche Eins-zu-eins-Dialoge sind zwar gut, schaffen aber nicht die Art von transparenter Kultur, die Vertrauen aufbaut.

Es gab jede Menge »Ja-aber« gegen das U&I-Konzept. Ähnlich wie bei der Frage der Veröffentlichung von Finanzinformationen hatten zwei dieser Zweifel besonderes Gewicht.

Erstens: »Einige Mitarbeiter werden richtig heikle Fragen stellen. Diese werden Schwächen offenbaren, die manche Leute gar nicht kennen. Das könnte aus dem Ruder laufen. Es könnte nach außen dringen. Das könnte uns in echte Schwierigkeiten bringen.«

Zweitens: »Fragen werden nur Mitarbeiter stellen, die Probleme haben, nicht diejenigen, die Gutes sehen oder zufrieden sind. Das wird das Bild verzerren. HCLT wird als viel größeres Chaos erscheinen, als es wirklich ist.«

Diese Einwände klangen berechtigt. Ich sprach mit vielen Leuten darüber. Ich konsultierte mein Führungsteam. Ich fragte mich, ob diese Initiative die Idee der Transparenz zu weit treiben würde, weil dann unsere ganze schmutzige Wäsche in der Öffentlichkeit gewaschen würde.

Kurz bevor ich die Sache abblasen wollte, führte ich noch einmal mit mir persönlich die Übung *Spieglein, Spieglein an der Wand* durch. Wie sollten wir Vertrauen durch Transparenz schaffen, wenn die Mitglieder des Managements die Einzigen waren, die entschieden, welche Fragen gestellt werden durften und beantwortet wurden? War dies nicht der Grund, weshalb das Büro des Geschäftsführers ein so unüberwindliches Machtzentrum war, weil es die offizielle Gesprächsführung total beherrschte? Wenn der Geschäftsführer Angst vor dem hatte, was zum Vorschein kommen könnte, wie konnte man diesem Funktionsträger dann trauen, wie konnte man dem Management als Ganzem trauen? Wir mussten dabei bleiben, dass wir das Fenster aufreißen. Wir taten es und schufen die Website U&I.

Und auch diesmal erwiesen sich die Befürchtungen der Zweifler als berechtigt. Die Website U&I wurde zugeschüttet mit Pamphleten und Beschwerden, Beschimpfungen und Verwünschungen, dass die Firma bei allem und jedem Unrecht habe. Die Anmerkungen und Fragen strömten unaufhörlich herein. Das Meiste, was die Leute sagten, war wahr. Vieles tat weh.

Eines Tages sprach ich mit einer Gruppe Mitarbeiter und brachte meine Frustration über die Fragen zum Ausdruck, die wir auf U&I erhielten. Ich fragte sie, was sie davon hielten, und ihre Antworten verblüfften mich.

»Das ist die größte Chance, die wir bei HCLT seit Jahren haben«, sagten sie. »Jetzt haben wir ein Führungsteam, das bereit ist, auch den Dreck zur Kenntnis zu nehmen.« Es gebe jetzt viel weniger Gerede, sagten sie, und weniger Gerüchte machten im Unternehmen die Runde. Die Leute hätten das Gefühl, dass das Management sich ihre Meinung anhöre, und deshalb gebe es viel mehr Hoffnung, dass irgendwer irgendwo sich einmal darum kümmern würde. Am wichtigsten aber sei, sagten die Mitarbeiter, dass sie jetzt ein Führungsteam hätten, das nicht behaupte, die Antwort zu wissen, wenn das nicht der Fall war, oder erzählte, es könne etwas in Ordnung bringen, wenn das nicht ging. Die Leute sagten, sie vertrauten dem Führungsteam jetzt mehr. Sie hätten das Gefühl, das Team habe wirklich verstanden.

Einmal erhielt ich eine interessante E-Mail, die auf einen weiteren Aspekt des Portals hinwies und darauf, wie die Leute es nutzten.

»Sie irren sich, wenn Sie annehmen, dass U&I nur genützt würde, um offene und ehrliche Gespräche zwischen Mitarbeitern und Managementteam zu führen«, hieß es in der E-Mail. »Es werden im Umfeld der Person, die die betreffende Frage gestellt hat, vielmehr auch viele andere ins Gespräch mit einbezogen. Sie fallen über diese Person her, präsentieren ihre eigene Meinung und tragen dazu bei, dass derjenige, der die Anmerkung gemacht hat, die Dinge in anderem Licht sieht. Ja, die Reaktion der Führung ist schon wichtig, aber es findet auch eine Menge Diskussion über diesen Austausch hinaus statt. Darüber hinaus macht er auch in anderen Teilen des Unternehmens Mitarbeiter auf diese Themen aufmerksam, denen das Problem vielleicht gar nicht bekannt ist, und womöglich beginnen diese sogar an dem Problem zu arbeiten, weil sie glauben, sie hätten eine Antwort.«

Und wiederum: Wow! Ich begriff allmählich, welche Macht in dem steckte, was wir da geschaffen hatten. Die U&I-Site war ein Weg geworden, wie man die Verantwortung für die Beseitigung von Problemen vom Geschäftsführer und dem Führungsteam auf die Mitarbeiter übertragen konnte, an den wir bei der ursprünglichen Idee gar nicht gedacht hatten. Einfach dadurch, dass wir es gestattet hatten, Fragen zu stellen, hatten wir die Wahrscheinlichkeit erhöht, dass Antworten gefunden wurden – von irgendjemandem, irgendwo. Indem wir offen waren und die Unvollkommenheiten zugaben, die im Unternehmen existierten, hatten wir die Gespräche weg von der Frage gebracht, was schieflief, und hin zu der Frage, was man tun könnte. Auch wenn die Liste der Dinge, die repariert werden müssen, nie kürzer wird, sind die Probleme, vor denen wir heute stehen, doch nicht mehr dieselben, vor denen wir vor fünf Jahren standen. Das U&I-Portal zieht auch weiterhin jede Woche jede Menge Verkehr an und ist für mich zur großartigen Informationsquelle geworden, die mir zu verstehen hilft, wo wir stehen und welche Themen wir als nächste angehen müssen.

Es gab auch noch andere Experimente mit dem Ziel, die Transparenz zu erhöhen. Einige gingen total daneben; andere liefen überraschend gut. Nie verfielen wir aber einer dieser Ideen nur um ihrer selbst willen. Wir konzentrierten uns nur auf die Ergebnisse, die zu zeigen schienen, dass die Sonne hell und kräftig schien und wir nun bereit für echte Veränderungen waren. Das dachte ich jedenfalls damals.

Den Kunden erklären, warum sie an zweiter Stelle kommen

Während wir daran arbeiteten, intern Vertrauen aufzubauen, konzentrierten wir uns auch weiter darauf, neue Geschäfte, neue Strategien und neue Lösungen für unsere Kunden zu entwickeln. Ein Teil unseres letztlichen Erfolgs bei den Kunden kann auf ein Treffen zurückgeführt werden, das wir im Februar 2006 mit 300 Kundenvertretern abhielten, die meisten von ihnen IT-Leiter. Sie kamen aus der ganzen Welt nach Delhi gereist.

Die Idee zu diesem Treffen entstand durch meine Gespräche mit Kunden. Ich wollte wissen, ob für sie durch unseren

Ansatz EFCS wirklich Werte entstanden. Ich wollte ihre Beziehung zu anderen Anbietern besser verstehen. Vertrauten unsere Kunden ihren Anbietern? Boten ihnen diese Anbieter genügend Transparenz? Und ich wollte natürlich, dass unsere Kunden wussten, dass sie für unser Geschäft zentral waren, auch wenn wir erklärten, dass wir sie an die zweite Stelle setzten, dass EFCS für sie genauso enorme Werte schaffen sollte wie für uns.

Auf diesem Treffen wollte ich die Idee der Transparenz erläutern. Daher hielten wir eine Sitzung mit den Kunden ab und teilten ihnen mit, was wir nach unserer Meinung bei HCLT ändern mussten. Wir erklärten die Herausforderungen, die vor uns lagen, und den Weg, dem wir folgen wollten, um die Dinge anzugehen und höhere Werte für sie zu schaffen.

Wir betrachteten das Treffen auch als Gelegenheit, die zunehmende Transparenz gegenüber unseren Mitarbeitern weiter zu treiben. Warum sollten wir die Veranstaltung nicht übertragen, sodass unsere Mitarbeiter den Gesprächen zuhören und erkennen konnten, wie ernst es uns mit EFCS war? Und genau das taten wir auch. Während sich 300 HCLT-Kunden im Konferenzraum versammelten, versammelten sich Tausende HCLT-Mitarbeiter vor ihren Computern, um zuzusehen und zuzuhören. Das war ein Transparenzniveau, das HCLT-Mitarbeiter noch nie erlebt hatten. An diesem Tag wurden viele Zaungäste zu Transformierern.

Während des zweitägigen Treffens präsentierten wir eine Reihe von Rednern – darunter Wirtschaftsfachleute, Kundenexperten und HCLT-Führungskräfte. Wir deckten ein breites Spektrum an Themen ab, wie etwa die sich verändernden Kundenbedürfnisse, die sich verändernden Ziele unserer Leute oder zunehmende Anforderungen an IT-Leiter. Wir sprachen über neue technische Trends, Datenschutzfragen, die Weltwirtschaft, das Aufstreben Indiens und Chinas als große Konsummärkte oder Veränderungen des Verbraucherverhaltens, die das Entstehen neuer Business-to-Business- oder Business-to-Consumer-Modelle bewirkten. Wir vertraten die Meinung, diese Themen erforderten mehr als nur ein paar innovative Ideen; sie bedingten vielmehr eine fundamentale Veränderung der Partnerschaftsmodelle.

Und dann stellte ich diesem Kunden-Publikum unsere Philosophie *Employees first, Customers Second* vor. Ich sprach ausführlich über das Konzept und darüber, wie es unseren Kunden bereits zugute kam und zu besseren, verstärkten Beziehungen führte.

Ich schloss die Versammlung mit der Versicherung, EFCS bedeute nicht, dass wir die Kunden als Bürger zweiter Klasse ansähen. »Sie stehen vor außerordentlichen geschäftlichen Herausforderungen, die in den kommenden Jahren neue IT-Herausforderungen mit sich bringen werden«, sagte ich. »Sie brauchen integrierte Lösungen für komplexe Prozesse. Sie brauchen Transparenz und Flexibilität. Sie brauchen erhöhte Beweglichkeit. Um das alles zu erreichen, brauchen Sie den Einstieg in wertbasierte Beziehungen zu IT-Anbietern, die Ihre Geschäftsziele verstehen und ihre technischen Lösungen darauf abstimmen können.«

Ich fuhr fort: »Damit wir diese Art von Anbieter sein können, glauben wir bei HCLT, dass wir ein vollständig neues Geschäftsmodell schaffen müssen. Wir müssen die Art und Weise verändern, wie wir in unseren Beziehungen mit Ihnen, unseren Kunden, Werte aufbauen und erhalten. Solche Partnerschaften verlangen von uns allen, dass wir weit über die technischen Lösungen selbst hinausdenken. Der Erfolg entsteht aus der Art, wie die Lösungen implementiert werden, und aus dem nachhaltigen Geschäftsertrag, den Sie daraus ableiten. Wir glauben, wenn wir unsere Mitarbeiter an die erste Stelle setzen – und alles uns Mögliche tun, um diese Leute zu fördern, die für Sie die Werte schaffen –, dann werden wir Ihnen weit bessere Dienste leisten als je zuvor. Unser neuer Ansatz bedeutet nicht etwa, dass wir unsere Kunden als Selbstverständlichkeit ansehen. Niemals. Sondern was wir wollen ist, die Kraft unserer hellsten Köpfe freizusetzen. Wir wollen, dass sie sich auf Ihre Herausforderungen einstellen und zu Ihren Möglichmachern und Förderern werden. Wir haben vor, Partnerschaften zu entwickeln, die auf Transparenz und Vertrauen beruhen und enorme Werte für Sie schaffen und in der Folge davon auch für uns. Das ist der Grund, warum *Zuerst der Mitarbeiter* ein so wichtiger Bestandteil unserer Strategie ist. Um dessen unglaubliches Potenzial zu entfalten, brauchen wir nicht nur Ihr Verständnis und Ihre Zustimmung, sondern auch Ihre aktive Mitwirkung.«

Wie reagierten unsere Kunden? Zwei »Ja-aber«-Kunden waren von dem neuen Ansatz bei HCLT nicht überzeugt, weil sie das Ganze als zu wenig und zu spät ansahen, und kündigten ihre Verträge mit uns. Ein paar Zaungäste sagten: »Klingt interessant. Schauen wir mal, wie das läuft.« Einigen, den Transformierern, gefiel der Ansatz, und sie fragten: »Was sollen wir tun, um Ihnen zu helfen?«

Insgesamt waren unsere Kunden verständnisvoller, als ich erwartet hatte. Mit nur einem Treffen hatten wir etliche Großkunden als aktive Teilnehmer an diesen Veränderungen gewonnen, und unsere Mitarbeiter, die an ihren Schreibtischen zusahen, erkannten, dass der neue Ansatz der richtige war. Die Kunden begannen zu verstehen, dass unser Ziel, wenn wir die Mitarbeiter an die erste Stelle setzten, darin bestand, mehr Werte für sie, die Kunden, zu schaffen, nicht etwa weniger – dass sie durch unsere Umkehrung der Standardgleichung in Wirklichkeit an die erste Stelle gelangen würden.

Unsere Kunden begannen befreiter zu atmen. Sie lächelten. Einige sogar in meine Richtung.

Große Spiele gegen die Großen gewinnen

Mit der sich verbessernden Transparenz machten wir auch Fortschritte beim Aufbau von Vertrauen innerhalb der Gesamtorganisation. Ich überprüfte unsere Fortschritte anhand von Maisters vier Elementen des Vertrauens.

Verlässlichkeit: Da wurden wir besser. Die Online-Instrumente halfen uns, in diesem Punkt voranzukommen.

Intimität: Auch besser geworden. Dazu trugen die endlosen Gespräche bei.

Selbstbezogenheit: Ebenfalls besser. Die Manager waren jetzt viel sichtbarer und engagierter als je zuvor. Sie hatten gelernt, besser zuzuhören.

Glaubwürdigkeit: Nicht so gut.

Was nützten Transparenz und eine Kultur des Vertrauens, wenn wir mit unserer neuen Geschäftsstrategie nicht vorankamen – unserem Ziel, globaler IT-Service-Anbieter zu werden und auch einmal Geschäfte gegen die ganz Großen zu erobern?

Aber im Herbst dieses Jahres begann sich das Blatt dann zu wenden. Wir begannen, gegen die Global Player auch einmal zu gewinnen. Der erste Sieg war ein Vertrag, den wir im November 2005 mit Autodesk schlossen. Der war weit größer als der größte Vertrag, den wir bisher geschlossen hatten, und ging in die richtige Richtung, was das Thema Partnerschaft betraf.

Dann kam der große Durchbruch.

Bereits im späten Frühjahr 2005 hatten wir unser Augenmerk auf ein potenziell sehr großes Geschäft mit einem Unternehmen namens DSG International gerichtet. Das Unternehmen ist ein Konglomerat von Einzelhändlern mit Elektro- und Elektronikartikeln – Fernseher, Laptops, Waschmaschinen, GPS-Geräte, iPods usw. –, am bekanntesten ist wahrscheinlich ihre Kette Dixons in Großbritannien. Wir nennen das Konglomerat hier einfach Dixons.

Bei Dixons bot sich in unseren Augen die ideale Chance für HCLT. Unsere neue Organisationsstruktur ermöglichte es uns, das komplette Servicespektrum anzubieten, das Dixons suchte, und dies in integrierter und sehr effizienter Form. Den ganzen Sommer und Herbst arbeiteten unsere Leute unglaublich fleißig. Sie schufen neue Tools und Templates und Verfahren. Sie entwickelten aus dem Nichts wunderbare Dinge. Sie stellten eine brillante Lösung zusammen, mit der kein Global Player mithalten konnte.

Mitte Januar 2006 gab DSG International seine Entscheidung bekannt. So wurde im *ZDNet Asia* darüber berichtet, einer wichtigen Quelle für globale Geschäftsnachrichten im Technik-Bereich: »Kevin O'Byrne, Finanzgruppenleiter bei DSG International, sagte: ›Diese Co-Sourcing-Partnerschaft wird unser Potenzial erhöhen, Innovationen vorantreiben und unsere Beweglichkeit erhöhen, wenn wir unsere Position als führender Elektroeinzelhändler Europas ausbauen.‹«[1]

Partnerschaft. Co-Sourcing. Wunderbare Begriffe. Kein Wort von *Lieferant* oder *Verkäufer* oder *Outsourcing.* Dies war nicht nur das bei Weitem größte Geschäft, das HCLT in seiner Geschichte je abgeschlossen hatte, es war auch das größte IT-Service-Outsourcing-Geschäft, das überhaupt jemals ein indisches IT-Unternehmen gemacht hatte.

Ein anderer Artikel, in der *EFYTimes,* zitierte mich: »Es liegt an unseren Leuten und am Umgang mit unseren Leuten, dass wir eine solche Gelegenheit erhalten, die wahren Werte zu zeigen, die Mitarbeiter von HCLT unseren Kunden liefern.«[2]

Setzen Sie die Mitarbeiter an die erste Stelle, dann folgen auch die Kunden.

Und das taten sie. Nur sechs Monate nach dem Erfolg mit Dixons gingen wir ein mehrere Millionen Dollar schweres fünfjähriges Multiservice-Outsourcing-Geschäft mit Teradyne ein, einem führenden Anbieter von automatischen Testsystemen in den USA, bei dem wir die globalen Großen geschlagen hatten, die mit uns am Rennen teilnahmen. Chuck Ciali, IT-Leiter bei Teradyne, unterstrich, dass es unser Partnerschaftsmodell war, das den Hauptunterschied gemacht hätte: »Wir haben uns für HCLT entschieden aufgrund ihrer breit gefächerten Erfahrung mit globalen Kunden der Hitech-Fertigungsbranche, ihres partnerschaftlichen Ansatzes und der Transparenz ihrer Auftragsmodelle.«[3]

Aber es war ein Branchenfachmann, Eamonn Kennedy, Forschungsleiter bei Ovum, der den Erfolg unserer neuen Strategie tatsächlich so artikulierte, dass es die ganze Welt hören konnte: »An alle verbliebenen Zweifler da draußen: HCLT hat euch gerade eure Schmusedecke weggerissen. Dieser Auftrag ist der Beweis, dass indische Outsourcer das Zeug haben, die etablierten Mitstreiter zu schlagen.«[4]

In den zwölf Monaten nach unserem Blueprint-Meeting errangen wir fünf große Outsourcing-Geschäfte im Gesamtwert von 700 Millionen Dollar, alle gegen die Konkurrenz der vier großen globalen IT-Anbieter. Die Branche merkte auf. HCLT kam ins Gespräch. »HCL Technologies stiftet Unruhe und erregt Aufsehen«, hieß es in der Schlagzeile eines IDC-Berichts. »HCL könnte sehr gut einer der Anwärter auf die Führung der IT-Service-Welt in ganz naher Zukunft sein.«[5] Und aus *The Economist:* »IBM und die anderen Multis werden zunehmend nervös wegen des fünftgrößten indischen Outsourcers, HCL Technologies.«[6]

Die Macht, mit der Katalysatoren eine Kultur für Veränderungen erzeugen

Bevor Sie jetzt zum nächsten Kapitel übergehen, bedenken Sie bitte, dass wir diese ganzen Aktivitäten nicht etwa sorgfältig im Voraus geplant hatten. Ja, ich hatte zwar die großen Linien der Strategie im Kopf, aber letztlich waren die Dinge noch viel stärker im Fluss und improvisiert, als ich es hier geschildert habe.

Im Rückblick sehe ich heute, dass wir offenbar im Rahmen eines groben Plans eine ganze Reihe von Dingen ausprobiert hatten und diese Ideen und Initiativen (zumindest diejenigen, die schließlich funktionierten) dann eine spezielle Veränderung nach sich zogen. Noch wichtiger: Sie fungierten als Katalysatoren für weitere Veränderungen, über die ursprüngliche Absicht hinaus. Eine kleine Veränderung in der Chemie der Gesamtorganisation konnte so eine ganz starke Eskalation und Beschleunigung weiterer, noch größerer Veränderungen herbeiführen, oftmals ganz unerwartet.

Das galt für die Mitteilung von Finanzinformationen ebenso wie für das U&I-Portal und noch einige weitere Maßnahmen. Im Nachhinein glaube ich, dass ich von drei starken Überzeugungen geleitet war:

- Das Verfahren *Spieglein, Spieglein an der Wand,* das als bloße Übung begonnen hatte, konnte und sollte zur festen Praxis werden, zur institutionalisierten Denkweise.
- Vertrauen ist wesentlich, um unsere Strategie durchführen zu können, und dies kann nur geschaffen werden, wenn wir weit über konventionelle Begriffe der Transparenz hinausgingen.
- Ein paar Ideen, die als Katalysatoren wirken, wie zum Beispiel die Idee mit dem Fenster in Amsterdam, können eine Vielzahl von Veränderungen auslösen.

Katalysatoren sind einfache Maßnahmen, keine ausgefeilten Programme für organisatorischen Wandel über Jahre hinweg. Sie können dazu beitragen, eine abgeschottete Kultur zu verwandeln, in eine Kultur, die sich ständig weiterentwickelt. Ich behaupte nicht, dass die Katalysatoren, die wir bei HCLT verwendet haben, dieselben sind, die andere auch verwenden sollten. Ich fordere Sie lediglich auf, Ihre eigenen Katalysatoren zu finden, sie konsequent einzusetzen und dann neue zu finden, die Sie noch konsequenter einsetzen.

3
Die Organisationspyramide auf den Kopf stellen: Eine Struktur für Veränderungen schaffen

Und auf einmal, schien es, hatten wir alle unsere Aufgaben erfüllt!

Wir hatten in den Spiegel geblickt und uns der Wirklichkeit gestellt. Wir hatten unsere Transparenz dramatisch erhöht und das Thema Vertrauen in Angriff genommen. Wir hatten einige entscheidende Großaufträge bekommen, und mit erfreulicher Regelmäßigkeit holten wir neue Aufträge herein. Es herrschte Freude im ganzen Lande HCLT. Und wir konnten nun, wie es schien, bald den Sieg ausrufen und uns auf unseren Lorbeeren ausruhen!

Und das war genau das, was ich befürchtete.

Meine Sorge war, dass die Fortschritte und Veränderungen, die wir bisher erreicht hatten, noch nicht groß und tiefgreifend genug waren – und dass wir Zentimeter für Zentimeter, Entscheidung für Entscheidung, Maßnahme für Maßnahme den Berg, den wir gerade erst begonnen hatten zu erklimmen, langsam und unerbittlich wieder hinunterrutschen könnten.

Je mehr ich darüber nachdachte, was wir bisher erreicht hatten, desto mehr erschien es mir, als hätten wir bisher zwar mit Erfolg ein Umfeld geschaffen, das für Veränderungen *bereit* war. Aber ein solches Umfeld ist noch weit entfernt von einem Unternehmen, das tatsächlich Veränderungen *durchgeführt* hat, und erst recht von einem Unternehmen, dem eine nachhaltige Transformation gelungen ist.

Ich wusste nicht, wie unser nächster Zug aussehen sollte. Wie ich es in solchen Fällen häufig tue, suchte ich in meiner Vergangenheit nach Rat. Und da fiel mir die Erdkundelehrerin wieder ein, die ich an der Grundschule hatte. Unsere Schule lag am Rand des Vorgebirges. Eines klaren Tages führte sie uns nach draußen und zeigte uns in der Ferne den Himalaya.

»Was seht ihr hinter den Bergen?«, fragte sie uns.

Wir hatten keine Ahnung, also dachten wir uns alle möglichen Antworten aus. Sie stellte die Frage aber immer wieder neu. Schließlich mussten wir zugeben, dass wir es nicht wussten.

»Gut«, sagte sie dann. »Das ist die richtige Antwort. Dann wollen wir jetzt mal wieder nach drinnen gehen und schauen, ob wir es dort herausfinden können.«

Als wir bei HCLT auf das Ende des Jahres 2006 blickten, wusste ich nicht, was hinter den Bergen auf uns wartete.

Ich hatte allerdings eine ganz gute Vorstellung von der Lage auf dieser Seite der Berge. Genau wie in unserem Blueprint-Meeting diskutiert, waren die Kunden zunehmend frustriert von ihren IT-Anbietern und wollten für das beträchtlich viele Geld, das sie für ihre Informationstechnik ausgaben, höhere Werte erhalten. Und diese Frustration konnte für HCLT in eine riesige Chance verwandelt werden. Ich sah aber auch, dass wir diese Chance noch nicht ergreifen konnten, weil wir in Wirklichkeit noch gar nicht so viel anders waren als die Anbieter, die für diese Frustration gesorgt hatten. Ja, wir hatten in letzter Zeit eine Menge Erfolge erzielt. Aber die Eroberung einiger neuer Geschäfte sorgt noch nicht für eine Transformation des ganzen Unternehmens.

Mir wurde klar, dass wir weit mehr tun mussten, als nur ein bisschen an unseren bisherigen Verfahrensweisen herumzubasteln, und das ließ mich an einen Ferienjob denken, den ich einmal im Sommer als Schüler hatte. Da hatte ich etwas gelernt, das ich für unsere Lage bei HCLT nun als relevant betrachtete.

Eine Lektion von der Geflügelfarm

In meiner Schulzeit hatte ich im Sommer einen Ferienjob auf einer Geflügelfarm in unserer Nähe. Ich arbeitete dort zusammen mit einer Reihe von Freunden, und unsere Aufgabe bestand darin, die Eier in den Hühnerhäusern zu sammeln, die auf der einen Seite des Hofes standen, und sie dann in die Lagerschuppen auf der anderen Seite zu bringen. Der Manager des Hühnerhofes erteilte uns genaue Anweisungen, wie wir den Job auszuführen hatten. Jeder von uns sollte in einem der Hühnerhäuser einen Korb voll Eier sammeln, diesen in einen der Lagerschuppen bringen, wieder zurückgehen, neue holen und so weiter, hin und her über den Hof, bis alle Eier eingesammelt und in die Lagerschuppen gebracht waren.

Einen oder zwei Tage lang befolgten wir diese Anweisungen. Dann stellten wir als clevere Kids fest, dass diese Eiersammelmethode doch ihre Schwächen hatte. Sie war langsam, langweilig und ineffizient. Bezahlt wurden wir nach getaner Arbeit, nicht nach Stunden. Wenn wir es also schaffen könnten, alle Eier in kürzerer Zeit abzuliefern, hätten wir eher frei und könnten die gewonnene Zeit zum Fußballspielen nutzen oder zu anderen Dingen, zu denen wir Lust hatten.

Wir begannen also zu experimentieren. Was wäre, wenn wir mehr Eier auf einmal trügen? Was wäre, wenn wir eines der Hühnerhäuser zum Zentraldepot machten, in dem wir erst einmal alle Eier ablegten, bevor wir sie dann gesammelt hinüber in die Lagerschuppen brächten? Was wäre, wenn wir die Arbeit aufteilten – die einen sammeln, die anderen transportieren?

Nachdem wir etwa zwei Wochen lang jede Methode ausprobiert hatten, die uns einfiel, wurde klar, dass jede Methode zwar ihre Vor- und Nachteile hatte, aber keine einen wirklich großen Unterschied ausmachte. Wir trugen die Eier immer noch auf die gleiche Weise, wie die Menschen sie schon seit Jahrzehnten getragen hatten, wahrscheinlich seit Jahrhunderten, wenn nicht Jahrtausenden. Wir wurden des Experimentierens überdrüssig und gingen wieder dazu über, die Arbeit so zu erledigen, wie sie schon immer gemacht worden war. Um uns die Arbeit erträglich zu machen, witzelten wir herum und unterhielten uns darüber, was wir machen würden, wenn wir mit der Arbeit fertig waren. Vielleicht würden wir dann eine Runde Cricket spielen. Oder nach Hause gehen und die Beatles hören.

An meinem letzten Arbeitstag in diesem Sommer hatte ich dann eine Eingebung. Mir wurde klar, dass ein Herumbasteln am Verfahren des Eiertragens oder auch ein fleißigeres Arbeiten niemals die fundamentale Natur der Arbeit oder die Betriebsweise der Hühnerfarm verändern würde. Wir waren in einer archaischen Struktur gefangen, und bevor sich daran nichts änderte, würde und könnte sich auch sonst nichts ändern.

Dasselbe galt auch für unsere Experimente bei HCLT, einschließlich U&I-Portal und der Mitteilung von Finanzinformationen. Wir hatten zwar am Verfahren herumgebastelt und uns in die Stimmung versetzt, etwas zu verändern, aber ansonsten trugen wir die Eier immer noch auf ziemlich genau dieselbe Weise wie immer.

Mir schien, wir mussten uns etwas genauer ansehen, wie unsere Farm strukturiert war. Wir mussten eine Möglichkeit finden, wie wir unseren Ansatz EFCS so in unsere Organisationsstruktur einbauen konnten, dass daraus etwas Grundlegendes wurde, das nicht mehr so leicht umzukehren wäre.

Die alte Pyramide in einer neuen Landschaft

Wie schon gesagt hatte die Organisation bei HCLT genau wie in vielen anderen Unternehmen die traditionelle Pyramidenstruktur. Da waren die Führungskräfte an der Spitze; eine breite Schicht mittleres Management und übergreifende und unterstützende Funktionen wie Finanzen, Personal, Aus- und Weiterbildung, Qualität und Verwaltung in der Mitte; und die

Arbeiter vor Ort, die am wenigsten Macht und Einfluss hatten, am Fuß der Pyramide.

Das Prinzip Befehl und Kontrolle charakterisiert große Organisationen seit Jahrhunderten. Monarchien, Armeen und religiöse Einrichtungen sind durch die Schaffung rigider Hierarchien, die einem obersten Führer dienen, gewachsen, expandiert und zum Beherrscher ihrer Konkurrenten geworden. Auch zu Beginn der industriellen Wirtschaft funktionierte diese Struktur noch gut. Bei Industrieunternehmen liegt die »value zone« (Wertzone) tief im Inneren der Organisation, in den Forschungs- und Entwicklungszentren und den Produktionsstätten. Alles andere konnte als zwar wichtig, aber nicht entscheidend für die Differenzierung im Wettbewerb und den Markterfolg angesehen werden.

Viele Jahre gehörte auch die IT-Branche im Grunde zur verarbeitenden Industrie. Die Wertzone lag – genau wie bei Autos, Haushaltsgeräten oder Luft- und Raumfahrzeugen – beim Hardware-Design und in der Fertigung. Alle Unternehmen versuchten den schnelleren Chip, die bessere Benutzeroberfläche, das schlauere Extra zu entwickeln und zum niedrigstmöglichen Preis anzubieten.

Das Aufstreben der Wissensökonomie hat das alles jedoch geändert. Wie ich schon an meinen allerersten Tagen als Geschäftsführer bei HCLT erkannte (besonders durch einige Kundengespräche), lag die Wertzone nicht mehr bei der Technik selbst und ganz bestimmt nicht bei irgendeiner speziellen Hardware- oder Software-Technik. Die Kunden konnten jetzt vielmehr unter vielen verschiedenen Möglichkeiten wählen, die sie wahrscheinlich alle gut in die Lage versetzen würden, ihre Ziele zu erreichen, sofern sie gut implementiert wurden.

Also musste sich etwas an der Art und Weise ändern, wie diese Techniken zusammengeführt und für jeden Kunden implementiert wurden. Es musste noch etwas mehr daran geändert werden, wie wir unsere Dienste anboten.

Vier Trends in der Informationstechnik

Um das *Wie* zu verändern, mussten wir gründlich über die Veränderungen der globalen IT-Landschaft nachdenken und eine Strategie entwickeln, die in Bezug auf die Vorgänge um uns herum Sinn machte.

Für HCLT war die IT-Welt 2005 durch vier Haupttrends charakterisiert.

Erstens wurde, wie wir bei der Bestimmung unseres Punkts A in der Übung *Spieglein, Spieglein an der Wand* festgestellt hatten, das Geschäft immer komplexer und die IT immer zentraler für die Geschäftsstrategie. In der Folge hatte die Position des IT-Leiters jetzt viel mehr Macht und Bedeutung als in der Vergangenheit.

Zweitens wurde der Wert der IT-Branche dann am höchsten eingeschätzt, wenn sie innovative Techniken entwickelte, die dazu beitrugen, Geschäftsabläufe schneller, billiger und leichter verfügbar zu machen, und die IT-Leitern und anderen Führungskräften des Unternehmens die erforderlichen Analysen lieferten, um bessere Entscheidungen treffen zu können. Die Anwendung solcher Techniken vergrößerte aber auch die Komplexität bei der Implementierung der benötigten Hardware- und Anwendungs-Lösungen.

Drittens machte die gestiegene Komplexität der Kundengeschäfte in Kombination mit der gestiegenen Komplexität der Lösungen (die für gewöhnlich von verschiedenen Anbietern stammten) es für die Kunden erforderlich, dass sie sich auf Leistung und Implementierung konzentrieren mussten. Sie mussten die Gefahr vermeiden, vom Hype um die jüngste Innovation verführt zu werden. Folge war, dass die Kunden zunehmend nach Lösungen suchten, die an ihre speziellen Bedürfnisse angepasst waren, aber auch so weit wie möglich auf Standardtechniken aufbauten. Mit anderen Worten würde diese Wertzone in der Zukunft entscheidender werden, denn hier wurden Kundenanpassung und Implementierung vorgenommen.

Und schließlich gerieten Systemintegratoren – Unternehmen, die Techniken und Lösungen einer Vielzahl von Anbietern zusammenführten und alle, theoretisch, nahtlos zusammenarbeiten lassen – zunehmend unter den Druck ihrer Kunden, auf viel höherem Leistungsstandard zu arbeiten als je zuvor und mehr Erfolge bei der Schaffung individueller Lösungen vorzuweisen. Aber da die verschiedenen beteiligten Teams für gewöhnlich verschiedenen Hierarchien angehörten, derjenigen des Systemintegrators und derjenigen des Kundenunternehmens, kamen diese organisatorischen Hierarchien hier oft in die Quere. Infolgedessen gerieten neu angelegte Projekte oft in Turbulenzen, dauerten länger als geplant oder konnten letztlich nicht die erhofften geschäftlichen Erträge einfahren.

Die Chance und eine Strategie, um sie zu ergreifen

Wir wussten, dass in diesen Trends unsere Chance lag: HCLT als einen IT-Provider zu definieren, der darauf spezialisiert war, Lösungen auf Geschäftsstrategien abzustimmen – als ein Unternehmen, das durch Verwendung innovativer Instrumente und Techniken (allerdings nicht innovativer als nötig) seine Kunden in die Lage versetzt, die Zykluszeiten ihrer kritischsten Geschäftsabläufe zu verringern, einschließlich der Bereiche:

Bestellung bis Bezahlung: vom Moment der Annahme eines Kundenauftrags bis zum Eingang der Bezahlung für die Auftragsausführung,

Personalbedarf bis Einstellung: von der Feststellung einer Vakanz bis hin zu ihrer Schließung,

Idee bis Produkt: vom Prototypen bis zur fertigen Produktionseinheit.

Mit anderen Worten würden wir unseren Schwerpunkt verlagern von dem, was wir verkauften, hin zu den Resultaten, die unsere Kunden mit unserer Hilfe erreichen konnten.

Multiple Teams dazu zu bringen, bei einem komplexen geschäftlichen Problem eng zusammenzuarbeiten, ist natürlich leichter gesagt als getan. Es ist allerdings im Prinzip kein Problem des Teamworks. Denn wenn Teams sich auf ein Ziel konzentrieren, dann finden sie nach meiner Erfahrung letztlich auch immer einen Weg zur Zusammenarbeit. Nein, das Problem lag eher bei dem, was wir bei HCLT die »Hand Gottes« nannten.

Das heißt, die Chefs kommen einem in die Quere.

Die höheren Manager mit ihrer abgehobenen Distanz von den wirklichen Vorgängen sind diejenigen, die sozusagen als Hand Gottes mit einer Entscheidung den gesamten Erfolg der Arbeit in der Wertzone aufs Spiel setzen können. Und warum? Weil Chefs aufrichtig davon überzeugt sind, dass sie aufgrund ihrer Position an der Spitze der Pyramide den besseren Überblick über die Landschaft haben und am besten dazu in der Lage sind, Entscheidungen zu treffen, die der Gesamtorganisation nützen.

Diese Logik ist schwer zu bestreiten. Wir brauchen schließlich auch den Blick aus 12 000 Metern Höhe. Wir müssen auch versuchen zu sehen, was hinter den Bergen liegt. Aber, so dachte ich, das ist die konventionelle Weisheit. So denken unsere Konkurrenten. So denken wir alle auch in der Erwartung unserer Kunden. Diese Denkweise wird uns aber zu keiner neuen Strategie führen und keine fundamentalen Veränderungen bewirken. Sie wird nur dazu führen, dass wir die Eier weiter in den gewohnten alten Körben schleppen.

Also begannen wir über die Fragen nachzudenken, die durch unser U&I-Portal hereinkamen und die auf unseren großen Ratsversammlungen gestellt wurden – Fragen wie die folgenden:

- »Ich verstehe nicht, warum ich ausgerechnet diesem Manager unterstellt bin. Der versteht doch eigentlich gar nichts von meiner Arbeit. Welchen Mehrwert kann der denn meiner Arbeit noch hinzufügen?« Diese interessante Frage löste mein Nachdenken über die Beziehung zwischen Berichtsstruktur und Wertschöpfung aus.

- »Warum müssen wir so viel Zeit damit verbringen, Aufgaben zu erledigen, die uns von den Zentralfunktionen (Human Resources bzw. Personalabteilung, Finanzen u. Ä.) gestellt werden? Sollte die Personalabteilung mich nicht unterstützen, damit ich die Kunden besser unterstützen kann? Sie scheint unangemessen viel Macht zu haben, im Verhältnis zum Mehrwert, den sie für die Kunden schafft.« Diese Frage legte nahe, dass organisatorische Macht proportional zu der Fähigkeit sein sollte, Mehrwert zu schaffen, nicht zur Position in der Pyramide.
- »Viele Manager haben weit mehr Einfluss darauf, wie viel Werte ich schaffen kann, als diejenigen, denen ich tatsächlich unterstellt bin. Wir haben aber keinerlei formale Verbindung zueinander, keine Möglichkeit, einander zu beurteilen. Ist das denn sinnvoll?« Nein, es war nicht sinnvoll, dass der hierarchiebedingte Herrschaftsbereich eines Managers den Einfluss beschränken sollte, den er oder sie auf Leute außerhalb dieses Bereichs hatte.

Ebenso wenig war es sinnvoll, dass Mitarbeiter einem Manager unterstellt waren, der ihrer Arbeit keinen Mehrwert hinzufügen konnte, oder dass Personen, die wenig Wert schafften, eine Menge Macht ausüben konnten.

Je mehr wir darüber nachdachten, desto klarer wurde uns, wie wenig Sinn die archaische Pyramide noch machte, angesichts der Trends, die wir erkannt hatten, und der Ziele, die wir für uns in der IT-Landschaft definiert hatten.

Da kam mir die Idee mit der umgedrehten Pyramide wieder in den Sinn. Wie wäre es, wenn wir den Chef genauso rechenschaftspflichtig gegenüber der Wertzone machten, wie es die Wertzone gegenüber dem Chef war? Wie wäre es, wenn wir den Chef rechenschaftspflichtig nicht nur gegenüber seinem oder ihrem Team machten, sondern auch gegenüber allen anderen Teammitgliedern der Wertzone, die der Chef positiv oder negativ beeinflussen konnte?

Wenn wir das täten, würde das dann die Art von fundamentalen Veränderungen bewirken, die wir anstrebten? Würde diese Veränderung dann die Begeisterung unserer Mitarbeiter in der Wertzone entfachen? Würden sie dann angespornt sein, weit mehr Werte zu liefern, als unsere Konkurrenten es konnten? Würden auch unsere Kunden sehen, was passiert ist, es verstehen und wertschätzen?

Waren das Träumereien? Möglicherweise. Aber wenn, dann war ich nicht der Erste, der solche Gedankengänge verfolgte.

C. K. Prahalad, der bekannte Autor und Management-Guru, schrieb ein Buch mit dem Titel *Fortune at the Bottom of the Pyramid* (im Deutschen erschienen unter dem Titel: *Der Reichtum der Dritten Welt* oder *Ideen gegen Armut*), in dem er vorhersagt, »der Fuß der Pyramide wird die größte Chance zu Innovationen in Geschäftsmodellen«.[1] Prahalad denkt hier zwar vor allem an die kommerziellen Chancen von Schwellenländern mit großer Bevölkerung und weniger an Chancen für Unternehmensstrukturen. Dennoch ist das Konzept auch relevant für die Art, wie sich Unternehmen organisieren. Der »Fuß« stellt eine riesige unerschlossene Chance dar, kundenorientierte Innovationen voranzutreiben.

Gallup-Untersuchungen unterstützen diese Idee. Umfragen zufolge, die Gallup über Jahrzehnte hinweg durchgeführt hat, wechseln Kunden von einem Anbieter zum anderen, wenn sie von einem der »vier P« des Marketings angezogen werden – einem besseren *Produkt*, einem niedrigeren *Preis*, einer attraktiven *Promotion* oder einer besseren *Platzierung*.

Trotzdem werden die vier P – so attraktiv sie auch sein mögen – keine starke und dauerhafte Beziehung zwischen Kunde und Partner schaffen ohne das fünfte P, das natürlich für *Personen* steht. Platzierung, Promotion, Preis – und sogar das Produkt – können keinen Mangel an Engagement, Arbeitsleistung, Eifer und enger Beziehung zwischen den Personen in einer Kundenorganisation und denen in der Partner- oder Anbieterorganisation wettmachen.

Wenn das alles wahr war, wie ich glaubte, welche Folgen hätte es dann für die Pyramide, die wir HCLT nannten? Wie würden wir Kooperation in die Organisationsstruktur einbauen?

Eine weitere Lektion des Modells Familie

Wie bereits diskutiert, glaube ich, dass die Institution Familie einen schrittweisen Übergang von der Hierarchie mit Befehl und Kontrolle zu einem stärker auf Kooperation aufbauenden Unternehmen vorgenommen hat und uns daher gut als Modell dienen kann. Aber wie hat sie diesen Übergang bewerkstelligt? Und was sind die Hauptcharakteristika dieser neuen Einheit Familie?

Wie ich erkannte, hatte eine der wichtigsten Veränderungen, ergänzend zum Vertrauen, mit einem Thema zu tun, das wir auch gerade bei HCLT erörterten: der *Rechenschaftspflicht*. In der traditionellen Familie waren Kinder voll und ganz ihren Eltern rechenschaftspflichtig: sowohl in kleinen Dingen, wie etwa ihre Pflichten im Haus zu erfüllen oder gute Noten zu erzielen oder höflich zu sein, als auch in großen Dingen – bei ihrem Bildungsweg, der eingeschlagenen Laufbahn oder bei der Frage, wen sie heirateten.

Jetzt sah ich, dass sich die Rechenschaftspflicht umgedreht hatte. Viele Eltern fühlten sich jetzt ihren Kindern gegenüber rechenschaftspflichtig. Ja, die Erwachsenen schulterten zwar immer noch die traditionelle Verantwortung für Ernährung, Kleidung und Unterkunft ihrer Kinder. Aber sie begannen auch zu sehen, dass ihr eigenes Handeln oder Nichthandeln, ihr Verhalten und ihre Gewohnheiten, ihre Überzeugungen und Vorurteile riesiges Potenzial hatten, ihre Kinder zu beeinflussen – dabei, wie sie in Schule und Gesellschaft zurechtkämen; in ihrer mentalen, physischen und emotionalen Gesundheit; und wie sie die Welt sahen. Die Eltern hatten auch angefangen, eine direkte Verbindung zu sehen zwischen dem, was sie selbst taten, und der Entwicklung, die ihre Söhne und Töchter in Zukunft nehmen könnten. Würden ihre Kinder Erfolg haben und glücklich sein?

In der neuen Familie bestand also eine andere Art von Rechenschaftspflicht.

Nun ist eine geschäftliche Organisation offensichtlich etwas anderes als eine Familie. Aber es war trotzdem wichtig, die Frage zu stellen, warum die Unternehmensorganisation so viel antiquierter war als andere gesellschaftliche Strukturen. Warum verachteten so viele Menschen die Unternehmensstrukturen im Allgemeinen und das Unternehmen, in dem sie arbeiteten, im Besonderen? Warum achteten sie auf der anderen Seite die Einheit Familie so sehr, selbst wenn die eigene Familie gestört sein sollte? Was veranlasste die Menschen, an Demokratie zu glauben, selbst wenn sie enttäuscht waren über die Leute, die augenblicklich an der Macht waren?

Wir begannen zu der Überzeugung zu gelangen, dass wir HCLT der modernen Familie ähnlicher machen mussten. Wir wollten allerdings keine abrupte und alles umfassende Veränderung herbeiführen, weil dies das Unternehmen destabilisieren und viele Störungen verursachen würde. Wir wollten auch nicht komplett von Hierarchie abgehen, weil formale Strukturen die nötige Disziplin und Rechenschaftspflicht bieten, mit der Organisationen effizient funktionieren.

Wir wollten nur eine kleine Veränderung der Art und Weise vornehmen, wie die Dinge liefen, und das so, dass es große und lang anhaltende Wirkung hätte.

Umgekehrte Rechenschaftspflicht

Wir wussten, dass wir den Ausdruck *umgekehrte Rechenschaftspflicht* genau definieren mussten.

Wir wollten ja nicht, dass eine Diskussion über Einzelpersonen oder spezielle Positionen entstand. Es ging nicht darum, Manager gegenüber den Arbeitern an der Basis rechenschaftspflichtig zu machen. Die Erwartung war nicht etwa, dass unser Senior Vice President of Engineering seinen Stundenzettel jetzt von der Cafeteria-Mitarbeiterin abzeichnen lassen musste.

Umgekehrte Rechenschaftspflicht bedeutete lediglich, dass wir wollten, dass bestimmte Elemente der Hierarchie stärker gegenüber der Wertzone rechenschaftspflichtig sein sollten. Insbesondere hatten wir dabei drei Kategorien von Positionen im Blick: die unterstützenden Zentralfunktionen; die Management-Befehlskette bis hinauf zur Geschäftsführung; und einflussreiche Personen, die zwar keinen Teil der Hierarchie darstellten, aber entscheidend dafür waren, dass das gewünschte Wow in der Wertzone entstand.

Die Macht der unterstützenden Funktionen

Wir begannen mit einem Blick auf die übergreifenden und unterstützenden Funktionen, wie zum Beispiel Personal- und Finanzabteilung. Wir stellten fest, dass die Mitarbeiter der Wertzone gegenüber Finanzen, Personal, Ausbildung und Weiterbildung, Qualität, Verwaltung und anderen Zentralfunktionen genauso rechenschaftspflichtig waren wie gegenüber ihren unmittelbaren Vorgesetzten.

Obwohl diese Funktionen die Mitarbeiter der Wertzone unterstützen sollten, sah die Wirklichkeit doch mitunter anders aus. Vorgehensweisen, die eigentlich transparent und einheitlich innerhalb der Organisation sein sollten, wurden von unterschiedlichen Managern in unterschiedlichen Teilen des Unternehmens oft unterschiedlich interpretiert, und die Gründe für diese Abweichungen waren den Mitarbeitern nicht immer klar. Das machte vor allem neuen Mitarbeitern das Leben schwer, die innerhalb der Organisation noch nicht gut vernetzt waren. Hatten sie einen Wunsch oder eine Frage, konnten sie nie sicher sein, an wen sie sich zu wenden hatten oder wie lange es dauern würde, bis ein Problem gelöst war. In der Folge kamen manche Mitarbeiter zu dem Schluss, der beste Weg sei, ihr freundlichstes Lächeln aufzusetzen, ganz lieb »Bitte« zu sagen und dann zu beten.

Die Mitarbeiter hatten praktisch keinen Einfluss auf die unterstützenden Funktionen. Wenn es ein Problem gab, mussten die Leute im Allgemeinen in der Pyramide nach oben schauen – zu ihrem Manager oder dem Manager ihres Managers –, damit Abhilfe geschaffen wurde und die Hand Gottes entschied.

Die Folge war, dass Manager Vermittler und Schiedsrichter waren und aus dieser Rolle Macht ableiteten. Der Manager war derjenige, den ein Mitarbeiter um Hilfe angehen musste. Der Manager griff dann zum Hörer, um den entscheidenden Telefonanruf an Möglichmacher oder Höhergestellte zu tätigen. Der Manager verhandelte. Und der Manager überbrachte auch die endgültige Antwort, sei sie nun zufriedenstellend oder nicht.

Das war Macht, nicht Wert; Engpass, nicht Förderung.

»Was tun die unterstützenden Funktionen, um Ihnen in der Wertzone dabei zu helfen, mehr Wert zu schaffen?« Wenn ich diese Frage stellte, kam von den Mitarbeitern für gewöhnlich nur Schweigen. Sah das Bild denn wirklich so schlimm aus, wie die Mitarbeiter es malten? Vielleicht nicht. Aber die Wahrnehmung dieser Bereiche durch die Mitarbeiter war negativ, und das war nach unserer Beobachtung in vielen Organisationen der Fall.

Gab es also einen Weg, auf dem die Rechenschaftspflicht zwischen den Zentralfunktionen und den Mitarbeitern der Wertzone umgekehrt werden konnte? Wir betrachteten die Idee ausführlich von allen Seiten. Zuletzt kam ein Team unserer klugen Köpfe auf eine geniale Idee: das *Smart Service Desk*.

Das Konzept Smart Service Desk

Das Smart Service Desk (SSD) basierte auf einem System zum Problem-Management, das wir für unsere Kunden schon in Kraft gesetzt hatten.

Das System war effektiv und funktionierte einfach. Kam es zu einem Kundenproblem, stellten wir ein elektronisches *Ticket* aus, das dieses Problem detailliert erläuterte und die Fortschritte auf dem Weg zu seiner Lösung aufzeichnete. War das Problem gelöst, schloss der zuständige Manager der verantwortlichen Abteilung das Ticket. Das ist ein recht verbreitetes Standardverfahren, das viele Unternehmen in vielen Branchen mit starkem Kundenkontakt verwenden, zum Beispiel Airlines, Hotels und Autovermietungen.

Die Idee war nun, ein ähnliches System zu schaffen, um interne Angelegenheiten zwischen übergreifenden und unterstützenden Funktionen und Mitarbeitern zu erledigen. Immer wenn ein Mitarbeiter ein Problem hatte oder Informationen brauchte, würde er oder sie ein Ticket ausstellen, das zu seiner Erledigung an die zuständige Abteilung weitergeleitet würde. Jedes Ticket hätte eine Erledigungsfrist. Das System wäre transparent, sodass alle den Inhalt der Tickets sehen könnten und auch, wie weit es im Verfahren war. Und der Mitarbeiter, der das Ticket ausgestellt hatte, wäre auch derjenige, der entscheidet, ob die Lösung zufriedenstellend war bzw. ob das Problem überhaupt gelöst wurde.

Ich stellte die Idee bei den Mitgliedern der Führungsteams in den entsprechenden Bereichen (HR, Finanzen usw.) zur Diskussion. Einigen sagte die Idee sofort zu. Viele aber sagten vehement »Ja, aber«.

»Wir sind doch nicht nur Machtverwalter und Vermittler«, sagten sie. »Eine solche Charakterisierung ist unfair. Wir arbeiten fleißiger als alle anderen. Und unsere Arbeit wird am wenigsten gewürdigt. Dieses System übermittelt an das gesamte Unternehmen das Signal, wir wären diejenigen, die überwacht werden müssten. Unsere Arbeit sei unnötig. Wir wären nicht gut.«

Ich hörte mir diese Meinungen an und bat die Führungskräfte dann, die Idee mit ihren Teams zu diskutieren.

Einige Tage später begannen die Manager mit der Berichterstattung. Sie hatten einen interessanten Gesichtsausdruck, wenn sie mir mit leichter Resignation erklärten: »O.K. Wir haben unsere Meinung geändert. Machen wir es so.«

»Was hat Ihre Meinung denn geändert?«, fragte ich.

Zunächst sagten sie dann einige zu erwartende Dinge, wie etwa, die Mitarbeiter an die erste Stelle zu setzen, Vertrauen zu schaffen und größere Transparenz anzustreben. Aber wenn ich dann etwas tiefer bohrte, gelangte ich zu einem wichtigeren Grund.

»Na ja, mit diesem Ticket-System werden wir in die Lage versetzt, *unsere* Leistung zu messen, sie anderen mitzuteilen und ihre Wahrnehmung zu verändern«, erklärte einer der Manager schließlich. »So können wir endlich beweisen, was wir schon immer sagen: dass wir diejenigen sind, die am fleißigsten von allen arbeiten, und dass das Problem gewöhnlich beim Mitarbeiter liegt, nicht umgekehrt!«

So hatte ich es noch gar nicht gesehen. In mir reifte der Verdacht, dies könnte der kleine Katalysator sein, der die erhoffte größere Wirkung auslöst.

Wie das Ticket funktioniert

Das interne SSD-Verfahren funktioniert weitgehend ähnlich wie ein Kunden-Service-Desk. Ein Mitarbeiter kann ein Ticket für eine von drei Aufgaben ausstellen – ein Problem, eine Frage oder einen Arbeitsauftrag – und das Ticket kann an jede Zentralfunktion gerichtet werden: Personal, Finanzen, Verwaltung, Ausbildung und Weiterbildung, IT/IS-Teams, Versand oder andere. Die Mitarbeiter können Tickets auch an die meisten Funktionsträger des höheren Managements ausstellen, mich eingeschlossen.

Nachdem ein Mitarbeiter das Ticket ausgefüllt hat, leitet das System es automatisch an einen Kundendienstmitarbeiter der entsprechenden Abteilung weiter. Er oder sie wird die Angelegenheit untersuchen und die erforderlichen Schritte zur Lösung unternehmen. Der Kundendienstmitarbeiter ist bei jedem Ticket an eine Reihe von Rechenschaftsvorgaben gebunden, darunter auch, bis wann die Erledigung erfolgt sein sollte. Die Vorgaben beruhen auf einer Reihe von Faktoren, darunter die Komplexität und Dringlichkeit des Anliegens. Erledigt ein Kundendienstmitarbeiter die Angelegenheit nicht innerhalb der vorgegebenen Zeit, wird das Ticket automatisch an seinen Manager weitergeleitet und dann immer weiter hinauf.

Der gesamte SSD-Prozess ist transparent, sodass ein Mitarbeiter jederzeit den Status seines Tickets checken kann. Sobald die Angelegenheit erledigt ist, schließt der Kundendienstmitarbeiter das Ticket. Ist allerdings der Mitarbeiter, der es ausgestellt hat, mit der Lösung nicht zufrieden, kann er den Status »Abgeschlossen« für das Ticket auch verweigern. Dann bleibt es offen und die Uhr tickt weiter. Der Mitarbeiter kann die Servicequalität des Kundendienstmitarbeiters auch bewerten.

Ein weiterer interessanter Aspekt an SSD ist, dass der Manager des Mitarbeiters stets Kenntnis über den Status des Tickets hat (außer bei solchen, in denen es um die Beziehung zwischen Mitarbeiter und Manager geht). Daher kann ein Manager auch nicht behaupten: »Ich hatte ja keine Ahnung, dass das ein Problem war!« Sobald ein Ticket ausgestellt ist, erhält der Manager eine E-Mail, die ihm erklärt, was läuft.

Das hat einen sehr interessanten Nebeneffekt. Ich habe schon erlebt, dass Manager sich an ihre Mitarbeiter wandten, die das Ticket ausgestellt hatten, um zu fragen, ob es noch weitere Anliegen über das im Ticket angesprochene hinaus gebe. Das kann ein tiefer gehendes Gespräch über Probleme, Herausforderungen, Frustrationen und mögliche Lösungen auslösen. Kluge Manager erkennen, dass das SSD-Ticket, wie so viele andere EFCS-Initiativen auch, ein Katalysator ist – eine Möglichkeit, Veränderungen auch über den ursprünglichen, beabsichtigten Zweck hinaus herbeizuführen.

Die Reaktion

Die Nachricht über SSD hatte den gewünschten Effekt. Sie sandte eine frische, kühle Brise durch die HCLT-Pyramide. Es gab eine Vielzahl von Reaktionen und Fragen:

- Können Mitarbeiter ein Ticket an die dispositiven Funktionen ausstellen? An Manager?
- Werden Manager danach beurteilt, wie sie mit diesen Tickets umgehen?
- Haben Mitarbeiter die Möglichkeit, ein abgeschlossenes Ticket wieder zu öffnen, wenn sie unzufrieden sind?
- Können Mitarbeiter auch ein Ticket an den Geschäftsführer ausstellen?

Um die Einführung dieses neuen Systems zu unterstützen, starteten wir eine interne Kommunikationskampagne, die die Vorteile hervorhob, wie die Dinge nun gehandhabt werden würden. Wir sorgten auch dafür, dass die Führungskräfte des Unternehmens ihre Unterstützung für das Projekt zeigten. Ich persönlich verschickte Hunderte von E-Mails an Leute im ganzen Unternehmen, in denen ich auf die Vorteile von SSD hinwies und die Verbindung zu den großen Zielen und der Vision unseres Unternehmens herstellte.

Wir forderten alle Angehörigen der unterstützenden Funktionen auf, jede Bitte um Problemlösung höflich abzulehnen, die *nicht* über das SSD-System zu ihnen gelangte.

Zunächst wanderten die Leute weiter auf den altvertrauten Pfaden. Wenn sie ein Problem hatten, griffen sie zum Hörer oder gingen ins Büro des Managers, um ein Gespräch zu führen. Aber nachdem das System im Verlauf einiger Wochen an

Akzeptanz gewann und die Leute sahen, dass es funktionierte, schoss die Zahl der Tickets in die Höhe.

Bald wurden durchschnittlich um die 30 000 Tickets pro Monat ausgestellt (und das zu einer Zeit, als das Unternehmen insgesamt rund 30 000 Mitarbeiter hatte). Das erschien als großer Erfolg. Wir führten pro Monat Tausende von Vorgängen einer Lösung zu, und das mit erstaunlichem Tempo, von denen die meisten Vorgänge zuvor überhaupt nicht gelöst, ja nicht einmal angesprochen worden waren. Man stelle sich vor, wie viele Probleme es gegeben haben musste, auf die früher niemand hingewiesen hatte und um die sich jetzt jemand kümmerte. Die Leute machten sich das System zu eigen. Das war ein Sieg der Ehrlichkeit, Transparenz und Offenheit!

Aber halt. Wir dachten noch einmal gründlicher über diese Zahlen nach. Wenn wir pro Monat einen Durchschnitt von über 30 000 Tickets hatten, von denen viele Probleme ansprachen, die uns zuvor gar nicht bewusst gewesen waren, hieß das denn nicht, dass wir bei HCLT eine *Menge* Probleme hatten? Sollten wir es dann feiern, dass so viel durcheinanderlief?

Ich stellte mir die Frage, ob wir den Kampf nicht auf die falsche Weise führten.

Ziel: null Tickets

Nachdem SSD einige Monate in Betrieb war, nahm ich an einem Tag der offenen Tür mit etwa hundert HCLT-Mitarbeitern teil, die an einem Kundenprojekt in Großbritannien arbeiteten.

Ich ließ ein paar inoffizielle Bemerkungen über das Ticket-System fallen sowie über meinen Eindruck, dass es zur umgekehrten Rechenschaftspflicht bei HCLT beitrug, und erkundigte mich nach Fragen und Anmerkungen.

Eine junge Frau, die ich hier Irene nennen will, ergriff das Wort. »Vineet, ich hätte da eine Frage«, sagte sie. »Wenn mit einer Kunden-Site etwas falsch läuft, was will der Kunde dann über das Problem wissen?«

Na, ich dachte zwar, dass ich sehr wohl wusste, auf welche Antwort sie aus war, beschloss aber, dass sie es mir und den anderen Zuhörern lieber selbst erzählen sollte.

»Erklären Sie bitte, Irene«, sagte ich. »Was wollen die Kunden denn dann wissen?«

»Zwei Dinge«, sagte sie. »Zum einen wollen sie wissen, wie schnell wir auf das Problem reagiert haben. Zum anderen wollen sie wissen, was die Ursache für das Problem war. Warum ist es passiert?«

»Ja, schnell zu reagieren ist gut, aber ...«

»Aber dafür zu sorgen, dass es nicht noch einmal passiert, ist besser«, schnitt mir Irene das Wort ab. »Dasselbe gilt auch für unser internes System. Denken Sie doch mal darüber nach. Jedes Mal, wenn ein Mitarbeiter wegen Schwierigkeiten ein Ticket ausstellt, heißt das doch, dass er oder sie nicht zufrieden ist, dass es ein Problem gibt. Die Frage ist doch, warum hat der Mitarbeiter überhaupt ein Problem? Warum haben wir kein Unternehmen *ohne* Probleme?«

Diese Bemerkung erschien mir ungeheuer wichtig.

»Wow«, sagte ich zu Irene. »Sie meinen also, die unterstützenden Funktionen sollten es zu ihrer Sache machen, *null* Tickets zu erhalten?«

»Ja, natürlich meine ich das«, sagte sie, ein wenig genervt. »So wie es jetzt läuft, werden diese Abteilungen doch danach beurteilt, wie schnell sie auf ein Ticket wegen Schwierigkeiten reagieren und wie gut der Fall gelöst wird. Sie werden nicht danach beurteilt, ob sie ein Problem endgültig behoben haben. Das System gibt ihnen nicht den Anreiz, initiativ tätig zu werden, sondern nur reaktiv.«

Ich sagte einen Moment lang gar nichts. Wir hatten das SSD-System ja aus einem bestimmten Grund ins Leben gerufen: um die Rechenschaftspflicht in unserer Hierarchie zu verändern und um damit anzufangen, die Pyramide auf den Kopf zu stellen. Nun schien uns das System plötzlich einen noch größeren Vorteil zu versprechen: die Möglichkeit, seit Langem bestehende Probleme zu erkennen und ein für alle mal zu beseitigen. Das würde die umgekehrte Rechenschaftspflicht tatsächlich noch einmal um eine Ebene aufwerten.

Nach diesem Treffen begannen wir, uns das Thema Initiative in den übergreifenden und unterstützenden Funktionen anzusehen. Konnten wir zusätzlich zur schnellen Bearbeitung von Tickets auch das Ziel vorgeben, Null-Ticket-Tage und Null-Ticket-Themen zu erreichen?

Wir hatten in den Wochen seit Installierung von SSD schon eine Menge Daten gesammelt. Durch sorgfältige Analyse begannen wir nun, Muster zu erkennen. Wir konnten erkennen, welche Themen am gängigsten waren, welche Mitarbeiterzonen am häufigsten welche Art von Tickets ausstellten und welche unterstützenden Funktionen chronische Probleme und wunde Punkte hatten.

Dann sahen wir uns an, wie sich diese Probleme angehen ließen. Wir fanden für die meisten Probleme drei grundlegende Ursachen: unbefriedigende Strategie, ungeeignete oder unklare Kommunikation sowie mangelhafte Umsetzung oder Implementierung einer befriedigenden Strategie oder Verfahrensweise.

Wir forderten die unterstützenden Funktionen auf, sich die häufigsten Probleme anzusehen, ihre grundlegenden Ursachen auszumachen und eine Lösungsmöglichkeit zu finden. Die Strategie neu formulieren. Die Kommunikation verbessern. Oder eine Verfahrensweise ändern, um die Implementierung zu optimieren.

Ziel war für jede Funktion, eine Null-Ticket-Woche zu erreichen.

Auf dem Weg zu diesem Ziel begannen die Mitarbeiter festzustellen, dass Probleme allmählich verschwanden, mit denen sie seit Jahren gekämpft und die viel zu viel Zeit und Energie verschlungen hatten. Nach kurzer Zeit begannen wir die Hauptindikatoren auszumachen, die dafür sorgten, dass solche Tickets zunahmen. Mit den Jahren sind Verfahrensweise und System sehr effektiv und ausgereift geworden.

SSD hatte auch eine ganz allgemeine Veränderung bei der Einstellung der Mitarbeiter zum Unternehmen zur Folge. Ein paar Jahre nachdem wir SSD eingerichtet hatten, erreichten wir in einer Umfrage zur Mitarbeiterzufriedenheit den ersten Platz, und ich stieß auf eine interessante Analyse, wie SSD uns dabei geholfen hatte, so gut abzuschneiden. Bei HCLT hatte wie in den meisten Unternehmen die Reaktion der unterstützenden Funktionen auf Anfragen von Mitarbeitern danach geschwankt, wer der betreffende Mitarbeiter war und über wie viel Macht er verfügte. Diese Unterscheidung hatte Mitarbeiter an der Basis frustriert, die der Meinung waren, dass sie genauso fleißig arbeiteten wie Leute, die in der Organisation einen höheren Rang bekleideten, sie aber nicht notwendigerweise den gleichen Respekt genossen wie Höhergestellte und vielleicht auch andere und weniger hilfreiche Reaktionen der Leute in den unterstützenden Funktionen erhielten. Die SSD-Initiative ebnete das Spielfeld beträchtlich. Es spielte keine Rolle mehr, an welcher Stelle ein Mitarbeiter in der Hierarchie stand, sein Anliegen wurde gehört. Das verringerte die Frustration und veränderte die Wahrnehmung des Unternehmens bei den Mitarbeitern grundlegend, was die Arbeitszufriedenheit beträchtlich steigen ließ – ein möglicher Grund, warum wir in der Umfrage den ersten Platz belegten.

Die Machtzone aufmischen: Das 360-Grad-Feedback

SSD sandte angenehme Wellen der Veränderung durch die Pyramide, blieb aber weit davon entfernt, sie zum Einsturz zu bringen. Und das war auch gut so. Wir hatten ja, wie gesagt, keinen vollständigen und unmittelbaren Umsturz im Sinn. Es war aber schon klar, dass die Pyramide noch ein bisschen stärker erschüttert werden musste.

Um unsere Bemühungen zur Umkehrung der Rechenschaftspflicht voranzubringen, würden wir unser Netz noch weiter auswerfen müssen, damit nicht nur die Manager der übergreifenden und unterstützenden Funktionen erfasst wurden, sondern auch die Linienfunktionen die Hierarchie hinauf, sogar das Büro des Geschäftsführers an der Spitze, einschließlich meiner eigenen Person. Dafür mussten wir uns mit dem Thema *Macht* befassen.

Was ist die Quelle für die Macht eines Managers? Sie stammt nicht nur aus seiner oder ihrer Position in der Hierarchie, aus einem Titel, aus der Stellenbeschreibung. Einige Manager erhalten ihre Macht vor allem aus Furcht, weniger aus Respekt. Sie haben die abschließende Macht zu sagen: »Dieser Mitarbeiter ist gut, jener ist schlecht. Dieser hier wird befördert, jener da nicht. Dieser bekommt Mittel zur Verfügung, jener keine. Dieser Mitarbeiter bleibt, jener geht.«

Wie konnten wir dieses Verhalten der Manager, sich auf die eigene Macht zu stützen, verändern? Was wir brauchten, war ein neuer Katalysator – der Tropfen im blauen Ozean –, der eine neue Denkweise auslöste.

Wir entdeckten ihn im Verfahren unserer Leistungsbeurteilung. Unser Standardverfahren war zu dieser Zeit genauso traditionell wie unsere Pyramidenstruktur. Wir verwendeten zwar durchaus schon ein 360-Grad-Feedback, doch wurde jeder Manager nur von einer relativ kleinen Zahl von Leuten beurteilt – denen, die in der Machtzone dieses Managers lebten, einschließlich seines Vorgesetzten, der unmittelbaren Kollegen sowie derjenigen, die dem Manager direkt unterstellt waren.

Mit anderen Worten wurde die Beurteilung immer von so etwas wie einem Club alter Kumpels vorgenommen. Da sich schließlich alle gegenseitig zu beurteilen hatten, klopften sie einander auf die Schulter, gaben sich gute Noten, äußerten Nettigkeiten, ignorierten Probleme, und alles lief weiter wie seit Jahren. Manche redeten sich auch ein, sie und ihre Kollegen leisteten alle ganz prima Arbeit. Selbst wenn sie ein Feedback erhielten, das eine Weiterentwicklung nahelegte, wurde das doch meist eher ignoriert als beherzigt.

Darüber hinaus ging es bei den Leistungsvorgaben immer nur um die Aktivitäten innerhalb des unmittelbaren Machtbereichs der Manager. Das 360-Grad-Feedback enthielt nichts über Beiträge zur Wertzone. Wenn ein Manager also zum Thema Wert befragt wurde, konnte er ohne Weiteres sagen: »Oh, nun ja, ich bin ja hier weit oben in der Befehlskette, und die Wertzone ist ganz da drüben. Darauf habe ich keinen Einfluss. Da gibt es nichts, was ich tun könnte.«

Vielleicht würde ja eine Veränderung der Art und Weise, wie wir unser 360-Grad-Feedback durchführten, zu den gewünschten Ergebnissen führen. Wir setzten einige unserer hellen Köpfe daran, darüber nachzudenken. Nach wenigen Tagen schlugen sie drei bedeutsame Modifikationen des Verfahrens vor: Offenlegung, die Ausweitung auf eine größere Gruppe und auf Leute außerhalb des Machtbereichs des zu Beurteilenden, und eine Nutzung vor allem als Entwicklungs-, weniger als Beurteilungsinstrument. Würde das einen Unterschied machen?

Das 360-Grad-Feedback offenlegen

Beginnen wir mit den Problemen, die mit dem traditionellen 360-Grad-Feedback verbunden sind, so wie es in vielen geschäftlichen Organisationen praktiziert wird. In den meisten Unternehmen sucht sich ein Manager, der beurteilt werden soll, die Personen selbst aus, die befragt werden sollen, was heißt, dass tendenziell Personen gewählt werden, die im Hinblick auf seine Leistung voreingenommen sind. Und auch dann ist die Teilnahme an einem 360-Grad-Feedback im Allgemeinen eher gering, weil die Mitarbeiter keinen Gewinn für sich darin sehen, ihren Chef zu beurteilen. Und da die Ergebnisse der meisten Befragungen vertraulich behandelt werden, wissen die Teilnehmer auch nicht, ob ihr Feedback dem der anderen ähnelt und ob ihre Anregungen berücksichtigt werden. Und schließlich ignorieren Vorgesetzte des Managers das 360-Grad-Feedback oft gänzlich, weil sie lieber auf eigene Interessen und Beobachtungen vertrauen.

Warum sollte man dieses Verfahren nicht offenlegen? Wir beschlossen, dass wir es *jedem* gestatten würden, der sein Feedback zu einem Manager abgegeben hatte, die Ergebnisse des 360-Grad-Feedbacks dieses Managers einzusehen. Das war vorher nicht der Fall gewesen. Die Überlegung war, dass Teilnehmer, die das Recht hatten, die Beurteilung des Managers zu erfahren, sich gestärkt sahen und mit höherer Wahrscheinlichkeit teilnahmen. Damit Vertraulichkeit, Anonymität und korrekte Verschlüsselung der Daten im Verfahren gewahrt blieben, beschlossen wir, eine dritte Partei einzubinden, zur Prüfung und Bestätigung der Befragung. Nur wenn eine externe Partei das Verfahren überwachte, würden sich die Leute sicher genug fühlen, um ein ehrliches und aufrichtiges Feedback abzugeben. Als Folge erwarteten wir, dass die Manager positive Ergebnisse mit ihren Teams feiern würden, was Lern- und Entwicklungsprozesse erleichtern würde. Und schließlich würde der Chef des Managers bei diesem Verfahren sehr viel an Macht verlieren, weil seine oder ihre Stimme jetzt nur noch eine unter vielen wäre. Das Team in der Wertzone würde die Ergebnisse der Befragung bestimmen, was ein weiterer Schritt hin zur Umkehrung der Pyramide wäre.

Ich wusste, dass dies eine extrem heikle Angelegenheit war, und begann, mein Führungsteam um Feedback zu bitten. Sie erfassten sehr schnell, wohin das führen würde und welche Vorteile uns daraus erwachsen könnten. Es gab aber auch einige Einwände, die uns halfen, das Ganze noch einmal zu durchdenken und zu erkennen, was alles schiefgehen konnte. Einige der Bedenken lauteten:

- Geht es hier um Beliebtheit?
- Kann ich mit dem Team weiter zusammenarbeiten, wenn ich eine schwache Bewertung erhalten habe?
- Wie kann ich danach Einfluss auf mein Team ausüben?

- Was ist, wenn meine Bewertung deswegen niedrig ausfällt, weil ich harte Entscheidungen treffe?
- Was ist, wenn ich meine Ergebnisse nicht mitteilen möchte?
- Hat das Ganze Einfluss auf meine Beurteilung und meinen Bonus?

Das waren alles ernst zu nehmende Fragen, mit denen wir uns auseinandersetzen mussten. Ich wusste, dass es unmöglich wäre, Manager zu zwingen, ihre Beurteilungen zu veröffentlichen. Das würde die Sache zu weit treiben. Ich konnte sie nur auffordern, das zu tun. Und dazu ging ich am besten selbst voran. Daher postete ich die Ergebnisse meines eigenen 360-Grad-Feedbacks, sodass alle im Unternehmen es sehen konnte. Danach schlossen sich auch andere leitende Manager an.

Und wenn man einmal darüber nachdenkt: Wieso auch nicht? War ihr Feedback positiv, war ohnehin alles in Ordnung. Sie würden sich gut fühlen dabei. Sie wären motiviert. Sie würden beim nächsten Mal noch bessere Ergebnisse anstreben. Zudem würden sie auch die Ergebnisse ihrer Kollegen und Vorgesetzten sehen können. Sie würden in Wettbewerb miteinander treten, was zu weiteren Verbesserungen führen würde.

Wäre das Feedback dagegen negativ, wäre der Manager endlich gezwungen, sich der Realität zu stellen und nicht zufriedenstellende Leistungen und die Beurteilung durch andere anzuerkennen. Es wäre dann eine Art persönlicher Spiegel-Übung, und sie hatten ja alle gesehen, wie machtvoll und nützlich das sein konnte. Zudem wussten die Manager, dass in einer Kultur des Vertrauens und der akzeptierten Veränderungen eine negative Beurteilung anders gesehen würde, als es noch ein Jahr zuvor der Fall gewesen wäre – nämlich eher als Chance zur Verbesserung denn als Zeichen des Scheiterns.

Und sollte ein Manager sich entscheiden, die Leistungsbeurteilung *nicht* mitzuteilen, würden die Leute das auch bemerken und automatisch annehmen, dass der oder die Betreffende etwas zu verbergen hätte. Und da Menschen bei etwas Schlechtem tendenziell immer noch Schlimmeres erwarten, wäre ein Verbergen des Ergebnisses – selbst wenn es gut war – für Manager immer weit schlechter, als ein negatives Ergebnis zu veröffentlichen.

Nach und nach verklang das »Ja-aber« und die Leute nahmen zunehmend am offenen 360-Grad-Feedback teil. Hätten wir aber das Führungsteam nicht zuvor in die Diskussion über das Verfahren eingebunden, wäre die Wahrscheinlichkeit des Scheiterns hoch gewesen. Der Schlüssel zum Erfolg war beim offenen 360-Grad-Feedback die Bereitschaft der Manager, das Feedback zu nutzen, um eine Veränderung ihres Managementstils herbeizuführen.

Happy Feet: Ausweitung auf eine größere Gruppe

Als sich das offene 360-Grad-Feedback allmählich durchsetzte, begannen wir zu erkennen, dass das Verfahren doch noch nicht ganz so offen war, wie es schien oder sein könnte. Wir folgten immer noch insoweit der traditionellen Praxis, als wir beschränkten und bestimmten, wer zugelassen wurde, wen zu beurteilen. Das bedeutete, dass die meisten Befragten auf demselben Gebiet tätig waren wie der oder die zu Beurteilende. Das verstärkte die Grenzen zwischen den einzelnen Teilen der Pyramide. Aber wir versuchten, das alles zu ändern. Wir wollten Personen ermuntern, die über diese Grenzen hinweg tätig waren. Wie konnten wir deren Verhalten anerkennen und fördern?

Wir beschlossen, das Instrument 360-Grad-Feedback um ein weiteres Element zu ergänzen; wir nannten es *Happy Feet.*

Wir öffneten damit unser Leistungsbeurteilungsverfahren für alle Mitarbeiter, die von einem Manager auf irgendeine Weise beeinflusst werden konnten. (Das betraf im Jahr 2005 etwa 1500 Leute und 2009 rund 3500.) Jeder Mitarbeiter konnte beschließen, an einer 360-Grad-Beurteilung jedes Managers teilzunehmen, von dem er meinte, dass er Einfluss – positiv oder negativ – auf die eigene Arbeitsleistung haben könnte. Es spielte dabei keine Rolle, wie lange ein Mitarbeiter schon bei HCLT war – sei es einen Monat, sei es ein Jahrzehnt – und ob ein Weisungsverhältnis mit diesem Manager bestand.

Sie können sich vorstellen, dass die Idee einer so starken Ausweitung der 360-Grad-Leistungsbeurteilung eine Menge »Ja-abers« vonseiten der Manager hervorrief. Und auch hier waren die Einwände ernst zu nehmen und nützlich.

»Ich denke nicht, dass diese Art von 360-Grad-Feedback verlässliche Ergebnisse bringen wird«, sagte mir einer der Manager. »Sie bitten da Leute, die ich nicht kenne und die mich noch nie gesehen haben, meine Leistung zu beurteilen. Wie soll das gehen? Was soll das für einen Sinn haben?«

»Haben Sie schon das Buch *Die Weisheit der Vielen* gelesen?«, fragte ich zurück.

Als er verneinte, berichtete ich ihm von diesem Buch. Darin spricht Autor James Surowiecki von der Zeitschrift *The New Yorker* davon, dass einer Gruppe, der Menge, viel mehr Intelligenz innewohne als einem Individuum. Die Vielen wissen mehr als die Wenigen. Die kollektive Intelligenz überstrahlt das individuelle Urteil.

»Mag sein«, antwortete der Manager. »Aber werden Außenseiter das Ergebnis nicht verfälschen? Was ist, wenn einer der Beurteilenden außergewöhnlich schlechte Noten vergibt? Oder wenn sich eine Gruppe Mitarbeiter eigens zusammenschließt, um eine Beurteilung zu beeinflussen? Oder was ist, wenn Mitarbeiter beschließen, nach Zufallsprinzip Kommentare zu Managern abzugeben, mit denen sie gar nichts zu tun haben? Ich sehe jede Menge Möglichkeiten, wie dieses System manipuliert werden kann.«

»Das ist alles möglich«, sagte ich. »Es ist eine Frage des Vertrauens. Wir haben in den vergangenen Monaten alle ganz fleißig daran gearbeitet, bei HCLT eine Kultur des Vertrauens herzustellen. Das ist jetzt eine neue Möglichkeit zu zeigen, dass wir einander vertrauen. Ich glaube, dass die meisten Mitarbeiter Fairplay an den Tag legen werden. Bedenken Sie, dass ja auch sie jedes Jahr von ihren Managern beurteilt werden, und sie möchten ja auch darauf vertrauen, dass ihr Manager sie fair beurteilt. Wenn sie also uns vertrauen können, können wir dann nicht auch ihnen vertrauen? Ja, ich bin sicher, es wird ein paar Mitarbeiter geben, die Manager ganz extrem bewerten – viel schlechter oder viel besser, als sie sind –, aber das sind wenige. Und das ist das Schöne an der großen Menge: Weil so viele daran teilnehmen, werden die Bewertungen der Abweichler die Beurteilung der großen Gruppe nicht signifikant verfälschen.«

Von vielen Managern hörte ich einen weiteren Einwand gegen das erweiterte 360-Grad-Feedback.

»Sehen Sie nicht, dass dadurch die beliebtesten Manager die höchsten Bewertungen erhalten werden?«, fragte ein Manager. »Manager dagegen, die besonders diszipliniert sind, weniger aus sich herausgehen, zurückhaltender sind, werden – selbst wenn sie effektiver sind – die schlechteren Noten bekommen. Das ist doch nicht fair.«

»Halte ich für unwahrscheinlich«, sagte ich. »In den Bewertungsfragen wird es ja nicht darum gehen, welchen Manager man am meisten mag oder bei wem man am liebsten arbeiten würde. Man soll den Manager schließlich nicht heiraten. Die Antwort auf das Problem, das Sie hier ansprechen, besteht darin, die Fragen richtig zu stellen. Wenn wir die Wertzone maximieren wollen, dann müssen sich die Fragen halt auf dieses Ziel beziehen.«

Und so entwarfen wir einen Bewertungsbogen mit Fragen wie den folgenden:

- Hilft Ihnen dieser Manager dabei, den Wert zu erhöhen, den Sie Ihren Kunden liefern?
- Wenn Sie ein Problem entdeckt haben: Hilft Ihnen dieser Manager dabei, das Problem zu definieren und die Lösung zu finden?

- Wenn Sie diesen Manager auf ein Problem ansprechen: Reagiert er dann so, dass er Ihnen Lösungen vorschlägt bzw. die betreffenden Probleme löst?
- Wenn Sie die Lösungen nicht selbst erreichen können: Macht es Ihnen dieser Manager dann möglich, sich an andere Leute in der Organisation zu wenden, die Ihnen helfen, die Lösungen zu erreichen?

Wiederum entkräftete die tatsächliche Praxis die meisten Einwendungen. Da es keine Beschränkung mehr gab, wer zu einem beliebigen Manager Feedback geben konnte, wurde die traditionelle Hierarchie geschwächt. Leute, die über die Grenzen in der Pyramide hinaus arbeiteten, wurden anerkannt, ermuntert und belohnt. Die öffentliche Anerkennung für den Wert, den diese Leute beisteuerten, war ein Beispiel für die übrige Organisation und ein Schulterklopfen für sie selbst.

Ersatz von Machtzonen durch Einflusssphären

Das offene 360-Grad-Feedback inklusive Happy Feet hatte noch weitere bemerkenswerte Auswirkungen auf die Organisation. Es begann die wichtigen Zonen innerhalb des Unternehmens ganz deutlich neu zu definieren – indem es eher ergebnisbestimmte Einflusssphären betonte als traditionelle strukturbestimmte Machtzonen.

Wie kam das? Nun, sagen wir einmal, Ihre Funktionsbezeichnung laute Vice President des operativen Geschäfts und mehrere hundert Leute seien Ihnen unterstellt, aber nur ein kleiner Prozentsatz von diesen gibt ein Feedback über Sie ab. Dann zeigt das, dass Ihre Einflusssphäre nicht Ihrer Machtzone entspricht.

Warum? Liegt es daran, dass die Menge Sie nicht kennt? Dass die Leute nicht wissen, wofür Sie stehen? Dass Sie sie nicht in ihrem Streben nach Wertschöpfung fördern? Dass sie denken, Sie seien ineffektiv? Dass Sie ihnen einfach egal sind?

Was der Grund auch sein mag, die geringe Antwortquote zeigt, dass Sie im Vergleich zu Ihrer Machtzone eine kleine Einflusssphäre haben. Dieser Aspekt der Befragung elektrisierte die Organisation stärker als jeder andere. Die Leute sahen, dass die Machtzone weitgehend irrelevant geworden war. Es war die Einflusssphäre, die jetzt wirklich zählte.

Das erschütterte nun tatsächlich die Fundamente der Pyramide. Die Leute begannen sich an Personen zu wenden, die zuvor nicht im Club ihrer alten Kumpels gewesen waren – sowohl innerhalb als auch außerhalb ihrer traditionellen Machtzone. Sie wollten ihren Einfluss ausweiten, positive Beiträge leisten und die Veränderungen weiter vorantreiben.

Beurteilung als Entwicklungsinstrument

Die letzte Modifikation, die wir an unserem 360-Grad-Feedback vornahmen, bestand darin, es stärker als Entwicklungsinstrument denn als Beurteilungsinstrument zu definieren. Es sollte für Manager ein Mittel sein, nützliches Feedback über die eigene Leistung zu erhalten – ein Feedback, das wir verwenden konnten, um die betreffende Person dabei zu unterstützen, etwas an sich zu verändern.

Es sei darauf hingewiesen, dass wir als Organisation beschlossen, das 360-Grad-Feedback von der Personalabteilung und ihren Aktivitäten zu trennen. Obwohl die Personalabteilung auch weiter für Manager Leistungsbewertungen durchführte und die Vergütung managte, wurden die Ergebnisse des 360-Grad-Feedback-Verfahrens in diese Diskussionen nicht mit einbezogen. Das Verfahren wurde jetzt von einer neuen Einheit betrieben, genannt Talent Transformation and Intrapreneurship Development Team. Der 360-Grad-Bericht diente als Ausgangspunkt für eine Diskussion mit Managern über deren persönliche Liste beruflicher Entwicklungsziele. Die Manager mussten sich nicht in dieses Verfahren einbringen; die Wahl blieb ihnen immer selbst überlassen.

2009 verfeinerten wir den Entwicklungsaspekt des 360-Grad-Feedbacks noch weiter und nannten es ab jetzt *Feedforward*. Der Befragte kann drei wichtige Kompetenzen für die beurteilte Person benennen, jede als »Stärke« oder als »Entwicklungsgebiet« kennzeichnen und einige einfache, konkrete Schritte vorschlagen, die diese Person zu ihrer Verbesserung unternehmen könnte. Dieser Abschnitt ist freiwillig, und die Ergebnisse werden strikt vertraulich behandelt. Der Manager ist der Einzige, der eine konsolidierte Fassung der Ergebnisse sieht; die Namen der Feedback-Geber werden nicht genannt.

Die Sichtweise, dass ein Feedback eher eine Entwicklungsmethode als eine Beurteilungs- oder Bewertungsmethode sei, erwies sich als entscheidend für unsere Fähigkeit, uns von einem Befehls- und Kontroll-Umfeld wegzubewegen, hin zu einem Umfeld des Vertrauens und der Übereinkunft und zu einem Schwerpunkt bei solchen Eigenschaften und Maßnahmen, die den Leuten in der Wertzone helfen können.

Diese Veränderungen an unserem 360-Grad-Verfahren überzeugten viele Skeptiker in der Organisation von EFCS, und sie begannen zu erkennen, dass wir wirklich daran glaubten. Die Mitarbeiter waren froh, dass ihre Stimme gehört und ihr Feedback als wichtig erachtet wurde. Besonders jüngere Manager schätzten das ehrliche Feedback, weil es ihnen half, ihre Leistung zu verbessern und ihre Fertigkeiten schneller zu entwickeln. Mein Führungsteam sah, wie viel positive Energie das revidierte Verfahren in der Organisation freisetzte, und nutzte es, um in der Wertzone mehr Wert zu schaffen.

Selbst Manager, die ständig negatives Feedback erhielten, profitierten von dem Verfahren. Sie erkannten, dass ihre Stärken einfach nicht im Management lagen und sie besser als individuelle Beitragsleister zurechtkommen würden. Manager mit einem beständig guten Feedback waren in der Lage, ihre Einflusssphäre weit über ihren Machtbereich hinaus auszuweiten, weil überall in der Organisation Leute wussten, dass sie hoch geschätzt waren.

Im Gespräch bleiben

Es ist ganz wichtig zu verstehen, dass wir während des gesamten Transformationsprozesses bei HCLT, und ganz besonders in den ersten Jahren, mit den Mitarbeitern der gesamten Organisation auf verschiedene Weise kommunizierten. Die Kommunikation einer Initiative war oft so wichtig wie die Initiative selbst. Mein Führungsteam war in unsere Kommunikations- und Marketing-Bemühungen ganz stark einbezogen, und wir verbrachten eine Menge Zeit damit, zu besprechen, wie und wann wir etwas kommunizieren sollten und wie die entscheidenden Nachrichten lauten müssten.

Ich erinnere mich noch gut an eine Diskussion über eine wichtige Präsentation, die wir für alle Mitarbeiter bei HCLT – nicht nur für Manager oder die Leute in der Wertzone, sondern für jeden – zum Thema EFCS abhalten wollten. Das Mitarbeiterkommunikationsteam, in dem viele unserer hellen Köpfe vertreten waren, wollte, dass ich zu allen über das Konzept EFCS sprechen sollte: wie wir es mit Maßnahmen wie U&I und SSD implementierten, wie wir zur besseren Förderung der Mitarbeiter eine Umstrukturierung des Unternehmens planten und wie unser Fünfjahresplan für die Transformation aussah.

»O.K.«, sagte ich. »Aber warum? Was haben die Mitarbeiter davon?«

Darauf erhielt ich von den Teammitgliedern wohlklingende Antworten, die in Richtung Teilhabe an der langfristigen Vision des Unternehmens gingen. Ich fragte erneut: »Jaja, aber was wollen die Mitarbeiter denn da von uns wissen? Was ist ihnen wirklich wichtig?«

Es kamen weitere Antworten, in denen es um die sich verändernde IT-Landschaft und die Unterstützung des Unternehmens im Transformationsprozess ging. Ich stellte die gleiche Frage noch vier oder fünf Mal, und schließlich gingen dem Team die Antworten aus.

»Denkt daran«, sagte ich, »dass bei unserer Kommunikation mit der breiten Masse unserer Mitarbeiter die Botschaft zum Thema organisatorische Veränderungen für sie relevant sein muss, und diese Botschaft kann durchaus eine ganz andere sein als die, die für Manager oder Kunden relevant ist. Unsere Mitarbeiter sind nicht so sehr interessiert am ›Was‹ in unserer IT-Landschaft oder an Unternehmenstransformation oder Initiativen. Sie interessieren sich eher dafür, wie das Ganze sie persönlich betrifft – was es für sie, ihre Karriere und ihre Familie bedeutet. Unsere Kommunikation sollte also eher Dinge zum Schwerpunkt haben, die sie für wichtig halten, und weniger ein Forum zum Marketing unserer Initiative sein.«

Meine Kollegen sahen mich an, als ob ich ihnen ihre große Idee von der unternehmensweiten Versammlung madig machen wollte, aber das hatte ich gar nicht vor.

»Lassen Sie mich eine Geschichte erzählen«, sagte ich, »in der es um Vermutungen geht, was die Leute wollen.«

Die Geschichte einer falschen Vermutung

Ich erzählte ihnen von meiner ersten Schule, die in meiner Heimatstadt Pantnagar von Nonnen gegründet worden war. Die Lehrer an dieser Schule legten sehr viel Wert auf gemeinnützige Arbeit. Eine unserer Aktivitäten bestand darin, von Tür zu Tür zu gehen und Altkleider zu sammeln, die wir dann an die Menschen in den Slums verteilten, die ganz in der Nähe der Schule lagen.

Meine Kollegen schienen meine Geschichte zwar als Ablenkung von der laufenden Diskussion zu betrachten, ich machte aber trotzdem weiter.

»Als ich etwa zwölf war«, sagte ich, »ging ich also einmal mit einem Arm voller Kleider in den Slum. Es gab eine Menge Kinder, die uns abnahmen, was wir ihnen zu geben hatten, aber ein Junge saß abseits und blieb für sich. Er hatte kein

Interesse an den Kleidern, starrte aber immerfort auf meine Schultasche.«

»Was hatten Sie denn da drin?«, fragte Arun, einer meiner Kollegen. (Den Namen habe ich geändert.)

»Der Junge war ziemlich ärmlich gekleidet«, fuhr ich fort und ignorierte Aruns Frage. »Und es war ziemlich kalt, daher fragte ich ihn: ›Willst du einen Pullover haben?‹ ›Nein‹, sagte er. Seine Augen blieben auf meine Tasche geheftet.«

»Dachte er, Sie hätten da Essen drin?«, fragte Arun.

»Nein«, sagte ich. »Er fragte mich schließlich: ›Was hast du da in deiner Tasche?‹ Ich machte sie auf und zeigte es ihm: Bücher. ›Was machst du damit?‹, fragte der Junge. ›Wir lesen die‹, antwortete ich.

Er sagte: ›Kannst du mir bitte eins vorlesen?‹«

Worauf ich mit dieser Geschichte hinauswollte, war, dass ich völlig falsche Vermutungen angestellt hatte, was dem kleinen Jungen im Slum wichtig war. Ich wollte nicht, dass wir bei den HCLT-Mitarbeitern dasselbe machten. Ich hatte so etwas schon oft gesehen. Wir waren irgendwann so fixiert darauf, was wir unseren Mitarbeitern oder unseren Kunden zu bieten hatten, dass wir anfingen zu glauben, das sei auch genau das, was die anderen wirklich wollten und brauchten.

Ich nehme an, die Geschichte hatte ihr Ziel erreicht. Jedenfalls wandte sich das Gespräch jetzt der Frage zu, wie wir die Hauptversammlung des Unternehmens so strukturieren könnten, dass der Schwerpunkt darauf lag, was die Strategie *Zuerst der Mitarbeiter* und unser Transformationsplan für die Mitarbeiter tun würden. Würden sie dadurch schneller arbeiten können? Würden sie ihre Arbeit besser erledigen können? Würden sie Neues lernen? Würde ihre Arbeit jetzt leichter oder erfreulicher werden?

Das Team hatte bald einen Titel für das Meeting gefunden – *Wegbeschreibung* – und auch eine Form, zu der auch eine Reihe informeller Gespräche über Themen gehören sollte, die in den Augen unserer Beschäftigen am wichtigsten waren. Wir wollten unseren Mitarbeitern keine Kleider geben, wenn sie in Wirklichkeit Bücher wollten.

Wegbeschreibung – die Meetings

Das erste unserer Meetings hielten wir im Spätsommer 2006 ab.

Wir wollten vermeiden, dass sich diese Versammlungen so anfühlten wie in den alten Tagen der traditionellen Pyramide, als das höhere Management auf der Bühne erschien, seine Erklärungen abgab und wieder verschwand. Ich wollte, dass die Mitteilungen große Wirkung hätten und einen dauerhaften Eindruck hinterließen.

Als ich meine Aussagen für das Meeting vorbereitete, erinnerte ich mich wieder an eine Unterrichtsstunde meiner MBA-Zeit an der Hochschule XLRI – ebenfalls zum Thema Kommunikation. Mein allererster Kurs war »Grundfertigkeiten im Geschäftsleben« bei Father McGrath. Er sprach über Präsentationen, und ich muss gestehen, dass es mir schwerfiel, mich auf ihn zu konzentrieren. Ich war gerade erst nach einer 40-stündigen Zugreise von zu Hause an der Hochschule angekommen. Im Unterrichtsraum war es sehr heiß. Wir befanden uns im ersten Stock, und ich schaute aus dem Fenster in die staubtrockene Luft. Wir waren etwa 35 oder 40 Leute im Kurs.

Plötzlich sprang mit einem lauten Knall die Tür auf und der Raum wurde von Schreien erfüllt. Ich schaute hinüber und sah, wie zehn bis fünfzehn Männer in den Kursraum gelaufen oder gesprungen kamen, mit Bändern in den Haaren und bemalten Gesichtern, bewaffnet mit Speeren und Messer schwingend. Ich erkannte sie als Adivasi, indische Ureinwohner. Sie schrien und rannten durch den Raum, schubsten die Studenten, warfen mit Gegenständen und machten Krawall. Einer schnappte sich die Studentin, die am nächsten zur Tür saß, schleifte sie zum Fenster und warf sie hinaus. Ein anderer lief nach vorne, schwang sein Messer und stach Father McGrath nieder. Blut spritzte aus seinem Bauch, während er stöhnend zu Boden sank. Wir wussten nicht, was wir machen sollten. Und dann, nach zwei Minuten Chaos, waren die Adivasi wieder so schnell verschwunden, wie sie gekommen waren.

Alle im Raum wirkten geschockt. Keiner rührte sich. Einige von uns saßen noch, andere standen, weitere sahen so aus, als wollten sie jeden Moment aus dem Fenster springen. Da hörte Father McGrath auf zu stöhnen, stand auf, strich sich die Kleider glatt und lächelte.

»Bitte alle hinsetzen«, sagte er ruhig. »Keine Sorge. Ich hatte das alles inszeniert. Und jetzt möchte ich, dass Sie darüber schreiben, was Sie in den letzten Minuten gesehen haben. Auf der Stelle! Fangen Sie jetzt an. So viele Details, wie Sie erinnern können.«

Immer noch traumatisiert, begannen wir zu schreiben. Nach etwa zehn Minuten sagte Father McGrath, dass wir aufhören sollten.

Die Ergebnisse dieses Experiments waren höchst interessant. Jeder hatte ganz andere Erinnerungen an das Ereignis. Father McGrath war in den Bauch gestochen worden. Father McGrath war in den Rücken gestochen worden. Father McGraths Kehle war aufgeschlitzt worden. Father McGrath war gar nicht angegriffen worden. Ein Mädchen war aus dem Fenster geworfen worden. Ein Mädchen war aus dem Fenster gesprungen. Jemand war durchs Fenster hineingeklettert. Verschiedene Leute hatten verschiedene Dinge gesehen.

In dieser ersten Stunde an der Wirtschaftshochschule lernte ich mehr als nur eine Lektion. Die erste lautete, dass man nie alles glauben soll, was man sieht; man sollte immer über das Offensichtliche hinaus schauen, um zu verstehen, was vor sich geht. Und noch wichtiger für unser Meeting bei HCLT: Wenn du in der Art deines Kommunizierens nicht extrem und praktisch bist, dann machst du auch keinen Eindruck und hast keine lang anhaltende Wirkung.

Daher begann ich das Meeting mit meiner persönlichen Version des Adivasi-Überfalls: Ich kam auf die Bühne, schaute mir die drei- bis viertausend Leute im Publikum an und begann zu tanzen. Ich bin nicht der begnadetste Tänzer der Welt. Den Leuten blieb die Luft weg, sie begannen zu lachen. Ich machte mich komplett zum Deppen. Ich machte ein paar Späßchen. Und danach begaben wir uns an zwei Stunden äußerst ernsthafter Gespräche. Die Veranstaltung blieb für das HCLT-Publikum genauso unvergesslich wie für mich der Adivasi-Überfall.

Die Meetings unter dem Motto »Wegbeschreibung« brachten sowohl die umgekehrte Rechenschaftspflicht als auch das Vertrauen ein gutes Stück voran. Da standen wir als Führungsmannschaft vor dem gesamten Unternehmen, nahmen jede Frage entgegen, waren offen für jede Anregung. Einfach dadurch, dass wir zur Verfügung standen und in unseren Hinweisen und Antworten so transparent waren, wie wir konnten, bauten wir bei den Angehörigen der Zuhörerschaft Vertrauen auf.

Wir hielten im August und September 2006 über 25 Versammlungen ab. Wir halten noch immer jedes Jahr welche ab, und alle freuen sich darauf. Die Leute erwarten dann eine Veranstaltung, die einzigartig und unorthodox ist. Und sie wissen, dass ich da bin, um aufmerksam zuzuhören und ehrlich darüber zu kommunizieren, was *ihre* Bedürfnisse sind, nicht meine. Und manchmal tanze ich auch.

Die Pyramide beginnt sich zu drehen

Als das Smart Service Desk, das offene 360-Grad-Feedback und die Orientierungsversammlungen (*Wegbeschreibung*) an Akzeptanz gewannen und allmählich in der ganzen Organisation als Standardverfahren angesehen wurden, ließen meine Befürchtungen hinsichtlich der Gefahr eines Rückschlags nach. Es sah so aus, als beginne die Grundstruktur von HCLT sich zu verändern, als beginne die Pyramide – dank umgekehrter Rechenschaftspflicht und offener Beurteilung – sich zu drehen, zumindest ein bisschen. Am Ende würden wir vielleicht tatsächlich noch erleben, wie die Wertzone gepriesen wurde und die ehemaligen Pharaonen in ihrem Schatten standen.

Wieder waren die speziellen Werkzeuge, die wir zur Herbeiführung dieser Drehung genutzt hatten – genau wie die anderen EFCS-Initiativen, die ich zuvor beschrieben habe – nicht mehr als Katalysatoren. Hatten sie tatsächlich in sich und aus sich heraus so viel Wirkung auf die Organisation, wie es schien? Wohl eher nicht. Die Botschaft, die sie aussandten, und ihre Nebenwirkungen spielten eine weit größere Rolle.

Ja, SSD löst viele Probleme und behebt viele Mängel. Aber die zugrunde liegende Botschaft ist weit bedeutsamer: *Die neuen Rechenschaftspflichten sind nicht von der Position in der traditionellen Hierarchie bestimmt.*

Das 360-Grad-Feedback hilft den Leuten, ihre Leistung zu verbessern, und fördert Vertrauen und Transparenz. Die ausgesandte Botschaft ist aber viel wichtiger: *Der Wert eines Managers wird anhand seiner Einflusssphäre gemessen, nicht anhand der Zone hierarchischer Macht. Das schließt auch den Geschäftsführer mit ein.*

Diese Katalysatoren veränderten – zusammen mit der offenen Finanzinformation und U&I – die täglichen Gespräche bei HCLT. Sie kommunizierten jetzt alles, was darüber mitgeteilt werden musste, was Mitarbeiter tun und wie sie sich engagieren sollten.

Die Angst der Mitarbeiter und Manager vor Veränderungen begann nachzulassen, ebenso wie meine Befürchtung verblasste, es könne zu wenig Veränderung geben. Die Leute betrachteten mich nicht mehr mit solcher Ängstlichkeit und Sorge. Sie wussten, dass die HCLT-»Menge« – nicht ich allein – sie beurteilen würde.

Ergebnis war, dass die Leute sich mehr forderten. Sie versuchten mehr. Scheitern war akzeptiert. Die Verantwortung für Maßnahmen und Erfolge lag nicht nur bei mir. Sie wurde von vielen geteilt. Wenn ich sagte, dass ich als Geschäftsführer für etwas rechenschaftspflichtig war, dann wusste ich, dass wir alle zusammen rechenschaftspflichtig waren. Und das Unternehmen wusste das auch.

Wir begannen auch, Hinweise zu erhalten, dass die Außenwelt von uns Notiz nahm und Interesse daran entwickelte, was wir da taten. Im Dezember 2006 wurde ich vom Geschäftsführer eines unserer Kunden, eines Unternehmens aus der *Fortune*-Top-100-Liste, eingeladen, auf ihrer jährlichen Führungskräftekonferenz zu sprechen. Ich hatte den Geschäftsführer noch nie getroffen, bevor ich auf der Versammlung eintraf. Als ich an der Reihe war zu sprechen, stellte er mich vor, indem er sagte, dass er von einem HCLT-Mitarbeiter, der an einem Projekt mitarbeite, mit dem er persönlich zu tun habe, von unserem 360-Grad-Feedback erfahren habe. Dieses Verfahren habe ihn fasziniert, und er habe mehr darüber erfahren wollen.

Vier Jahre später war dies einer unserer größten und wichtigsten Kunden – ein Unternehmen, dessen Geschäftsführer ich durch einen Mitarbeiter kennengelernt habe, der am Fuß der HCLT-Pyramide arbeitete. Seit dieser ersten Redeeinladung bin ich von vielen anderen Kunden eingeladen worden, vor ihren Führungsmannschaften und Vorständen über das Umdrehen der Pyramide zu sprechen. Jede dieser Verbindungen war von einem Mitarbeiter hergestellt worden, der in der Wertzone arbeitete.

Diese Einladungen waren ein weiterer Beleg, dass wir auf dem richtigen Weg waren. Die Leute starrten nicht mehr auf den Himalaya und rätselten, was wohl dahinter lag. Sondern sie schauten sich gegenseitig an und wussten, dass sie alles möglich machen konnten.

4
Die Rolle der Geschäftsführung neu gestalten: Die Verantwortung für Veränderungen übertragen

Mitten im Winter 2006 hatten überall bei HCLT die Mitarbeiter begonnen, an das enorme Potenzial zu glauben, das wir als Unternehmen hatten. Sie erkannten, dass unser Bekenntnis zu Transparenz und unsere Bemühungen zur Umkehrung der Pyramide einen spürbaren Unterschied ausmachten. Wir konkurrierten jetzt regelmäßig und erfolgreich mit den besten Global Playern, so wie wir es auf unserem Blueprint-Meeting auch gelobt hatten. Das war befriedigend für mich, für das Führungsteam und für die Mitarbeiter im ganzen Unternehmen.

Dennoch begann ich auch jetzt wieder, wie bisher nach jeder Phase des Prozesses, besorgt in die Zukunft zu schauen. Wie beabsichtigt begannen wir zwar unser Wachstum zu beschleunigen. Wir stellten Hunderte neuer Leute ein. Und obwohl wir mit einem Weltjahresumsatz von unter 1 Milliarde Dollar immer noch ein relativ kleines Unternehmen waren, traten wir mit Aktivitäten in 18 Ländern und zehn Bereichen sowie acht Dienstleistungen doch recht diversifiziert auf.

Aber wie konnten wir bei diesem Wachstum unseren Schwerpunkt *Zuerst der Mitarbeiter – dann der Kunde* auch in Zukunft bewahren? Würden nicht womöglich einzelne Einheiten wieder damit beginnen, ihre eigenen traditionellen Pyramidenstrukturen aufzubauen? Würden nicht neue Management-Schichten versuchen, durch das Horten von Informationen neue Macht zu erringen? Wie sollten neue Leute, die an Bord kamen, die Bedeutung von Vertrauen und Transparenz verstehen?

Zu dieser Zeit las ich gerade *The Starfish and the Spider: The Unstoppable Power of Leaderless Organizations* (im Deutschen erschienen unter dem Titel: Der Seestern und die Spinne: Die beständige Stärke einer kopflosen Organisation) von Ori Brafman und Rod A. Beckstrom.[1] Die meisten Unternehmen, argumentieren sie, funktionieren wie achtbeinige Spinnen. »Trennen Sie einer Spinne ein Bein ab, dann haben Sie ein Wesen mit sieben Beinen vor sich; schneiden Sie ihr den Kopf ab, ist die Spinne tot«, schreibt Beckstrom auf seiner Website. »Aber schneiden Sie einem Seestern einen Arm ab, dann wächst ihm ein neuer nach. Und nicht nur das, dem abgetrennten Arm kann sogar ein ganzer neuer Körper nachwachsen. Seesterne können das, weil sie, anders als Spinnen, dezentralisiert aufgebaut sind; alle Hauptorgane sind in jedem Arm repliziert.«

Zu dieser Zeit arbeitete HCLT eher wie die Spinne und nicht wie der Seestern. Trotz all unserer Offenheit und Transparenz und trotz unserer Aktivitäten, um unsere Pyramide auf den Kopf zu stellen, waren wir doch immer noch eine höchst zentralisierte Organisation. Der Geschäftsführer (CEO) und, ebenso wichtig, das Büro der Geschäftsführung, waren immer noch das Zentrum für alles, genau wie der Kopf der Spinne.

Ich erkannte, dass wir viel stärker dem Seestern ähnlich werden mussten und dass dies erfordern würde, dass wir die Rolle des Geschäftsführers überdenken und weit mehr Verantwortung für Veränderungen auf die Mitarbeiter übertragen müssten. Nur so konnten wir uns weiter auf die Wertzone konzentrieren, die Mitarbeiter auch bei wachsender Größe und Vielfalt unseres Unternehmens weiter an die erste Stelle setzen und den Wandel wirklich nachhaltig machen.

Ich begann nach Möglichkeiten zu suchen, wie wir dies bewerkstelligen könnten.

Eine Offenbarung

Eines Tages im Winter 2006 erhielt ich dann einen ersten Blick darauf, wie HCLT als Seestern aussehen könnte. Der IT-Leiter eines globalen Kunden besuchte unsere Büros in Neu-Delhi in Indien, um sich mit seinem technischen Team zu treffen. Mir war es wichtig, kurz vorbeizuschauen und Hallo zu sagen, bevor das Treffen begann.

»Wie läuft's?«, fragte ich den IT-Leiter, der im Konferenzraum, wo das Treffen stattfinden sollte, gerade an seinem Laptop arbeitete.

»Sehr gut«, sagte er. »Das Team erledigt alles zu unserer Zufriedenheit.«

»Fantastisch«, sagte ich. »Na, wenn wir über das laufende Projekt also nicht mehr weiter sprechen müssen, dann würde ich Ihnen gern eine neue Service-Idee vorstellen, an der wir gerade arbeiten.«

»Gern«, sagte der IT-Leiter. »Nur zu.«

»Sie nennt sich Business-Aligned IT oder kurz BAIT«, sagte ich. »Ziel ist, unsere Dienste viel enger an den spezifischen Geschäftsabläufen unserer Kunden auszurichten. Wir arbeiten im Moment an einer Pilotversion und planen, das volle Programm in den nächsten Monaten bei allen Kunden zu installieren.«

»Über BAIT weiß ich schon alles«, sagte der IT-Leiter.

»Was?«, fragte ich. Ich war platt. »Wie können Sie denn davon wissen? Das ist doch nur eine interne Pilotversion. Nur eine Handvoll Kunden und ein paar Mitarbeiter wissen davon.«

»Ihre Leute haben mir davon erzählt. Mein HCLT-Team. Woher sollte ich es sonst wissen?«

»Aber wir haben das ja noch nicht einmal intern herausgebracht. Ihr Team hatte noch nicht einmal eine Ausbildung darin«, sagte ich.

»Also das Team weiß nicht nur von BAIT, sie haben es für uns sogar schon zum Laufen gebracht. Sie haben unsere drei kritischsten Geschäftsabläufe identifiziert. Sie analysiert. Festgestellt, wie die HCLT-Lösungen darauf abgestimmt werden können. Und abgeschätzt, wie viel Geld wir in einem 12-, 24- und 36-Monats-Zeitraum damit sparen können.«

Ich wusste nicht, wie ich reagieren sollte. Ich war ein wenig besorgt, weil das Team den BAIT-Prozess schon verwendet hatte, bevor er überhaupt im ganzen Unternehmen offiziell eingeführt war. Andererseits sah ich das als ein Beispiel dafür, wie Verantwortung für Veränderungen übertragen werden konnte, ohne dass ich oder das Büro der Geschäftsführung in *irgendeiner* Weise daran beteiligt waren. Es war alles ganz organisch passiert.

In diesem Moment betrat das Team den Raum, bereit für das angesetzte Treffen.

»Ich habe Vineet gerade von unserer Arbeit mit dem BAIT-Prozess erzählt«, sagte der IT-Leiter zu Tarika, der Teamleiterin. Sie schaute ein wenig verlegen und unsicher, wie ich jetzt wohl reagieren würde.

»Ja«, sagte ich, »und ich bin sehr daran interessiert, mehr darüber zu erfahren.«

Tarika (Name geändert) ging zu der weißen Kunststofftafel und griff sich einen Textmarker. In den nächsten zehn Minuten skizzierten sie und ihre Kollegen, mit gelegentlichen Einwürfen des IT-Leiters, Flussdiagramme über die drei Geschäftsabläufe des Kunden, beschrieben detailliert die Lösungen und gingen die Analyse zur Kostenersparnis durch. Ich konnte nicht umhin, mich von ihrem Enthusiasmus und ihrer Aufregung anstecken zu lassen.

Was Tarika und ihr Team da geleistet hatten, war ziemlich erstaunlich, wenn man bedenkt, dass unser BAIT-Framework für uns noch gar kein offizielles Angebot war und, noch wichtiger, dass diese Leute Techniker waren, keine Wirtschaftsexperten. Ihre Fähigkeiten lagen auf dem Gebiet der Implementierung technischer Lösungen, und sie hatten wenig Erfahrung mit der Analyse strategischer Geschäftsprozesse und der Reduzierung von Zykluszeiten. Das letzte Mal, als ich mich bei diesem Team gemeldet hatte, hatten sie an einer ganz unkomplizierten Anwendungsentwicklung gearbeitet.

Als sie ihre Stegreif-Präsentation beendet hatten, fragte ich: »Dann erzählt mir doch mal, wie ihr den Übergang von technischen Lösungen hin zum breit angelegten Durchdenken geschäftlicher Strategien bewerkstelligt habt.«

Tarika erzählte mir, dass sie über einen ihrer Kollegen in einem anderen Teil des Unternehmens vom BAIT-Pilotverfahren gehört habe. Er hatte es ihr beschrieben, und sie hatte gedacht, es könnte für das Unternehmen des IT-Leiters sehr hilfreich sein. Die HCLT-Berater, die sich mit BAIT auskannten, waren allerdings gerade alle zu sehr beschäftigt mit dem Pilotprojekt, um Tarika und ihrem Team zu helfen. Außerdem wusste sie, dass der Kunde kein Extrabudget hatte, um einen Berater zu bezahlen.

»Deshalb«, erklärte Tarika, »habe ich zum Team gesagt: ›Versuchen wir doch mal, ob wir das nicht auch alleine lernen können.‹ Und alle waren einverstanden, es zu versuchen.« Die nächsten drei Monate bildeten sich die Teammitglieder in ihren freien Minuten und nach der regulären Arbeitszeit selbst weiter und erwarben ein vertieftes Verständnis vom Einsatz der IT zum Vorantreiben von Veränderungen in Kerngeschäftsprozessen. Nachdem sie der Meinung waren, dass sie genügend Kenntnisse darüber hatten, fragten sie einen HCLT-Geschäftsberater, ob er einen Workshop für sie abhalten könnte, damit sie noch mehr darüber erfuhren, wie die BAIT-Methoden und -Instrumente angewendet wurden.

»Dann haben wir das BAIT-Framework auf die Informationen angewendet, die wir über die Geschäftsabläufe unseres Kunden gesammelt hatten«, sagte Tarika, »und haben in einem Geschäftstransformationsbericht unsere Empfehlungen gegeben.« Sie hielt ein dickes Dokument in die Höhe. »Darin beschreiben wir, welche Veränderungen wir implementieren würden und wie sie mehrere Millionen Dollar pro Jahr damit einsparen könnten.«

Ich schüttelte nur den Kopf. »Das ist fantastische Arbeit«, antwortete ich. »Vor allem, weil ihr das alles in eurer eigenen Zeit gemacht habt und fast ohne Hilfe von der offiziellen Organisation oder euren Managern.«

Tarika und ihre Teammitglieder lächelten und versuchten so zu schauen, als wäre das doch gar keine große Sache.

Als ich an diesem Tag aus dem Büro ging, dachte ich weiter über Tarika und ihr Technikteam nach. Sie hatten eine grundlegende Veränderung des Verfahrens vorgenommen, wie sie arbeiteten und für den Kunden neue Werte schafften, ohne von mir oder einem Vorgesetzten dazu angewiesen worden zu sein. Die Verantwortung für Veränderungen war nahezu unbewusst übertragen worden, aufgrund all der Bemühungen zuvor.

Ich dachte: So könnte EFCS angepasst und nachhaltig werden, wenn HCLT wächst. Männer und Frauen wie die Mitglieder dieses Technikteams werden die Verantwortung für Veränderungen übernehmen. Sie werden den Geschäftsführer künftig anders sehen, nicht als die Quelle für alle Veränderungen, sondern als eine Art Stimulator und Ermöglicher von Veränderungen.

Wie konnte ich die Rolle des Geschäftsführers so neu interpretieren, dass dies der ganzen Organisation klar gemacht wurde und die Übertragung der Verantwortung für Veränderungen an die HCLT-Mitarbeiter weltweit beschleunigt wurde?

Die Übertragung von Verantwortung umkehren: Eine neue Dimension des U&I-Portals

Zu dieser Zeit besuchte ich eine Reihe von Seminaren, darunter auch das World Economic Forum und die BrainstormTECH-Konferenz der Zeitschrift *Fortune* in San Francisco, wo ich über das Konzept EFCS sprach. Bei diesen Anlässen wurde mir immer die gleiche »Ja-aber«-Frage gestellt.

»Herr Nayar«, sagte dann jemand, »das ist ja alles sehr interessant. Aber sind nicht viele dieser *Zuerst-der-Mitarbeiter*-Initiativen ganz eng an Sie und Ihr Amt gebunden? Wie viele davon, glauben Sie, werden langfristige Veränderungen bewirken? Werden nicht alle wieder in der Versenkung verschwinden, wenn Sie einmal nicht mehr dabei sind?«

Das war eine gute und ernst zu nehmende Frage, und sie beschäftigte mich gerade sehr stark. Jeder neue Geschäftsführer bringt immer seine eigenen Initiativen mit. Die Organisation nimmt diese Programme mit an Bord, so gut oder schlecht sie eben kann. Und kommt dann Monate oder Jahre später der nächste Geschäftsführer, werden viele dieser Initiativen wieder hinweggefegt und durch neue ersetzt. Allzu oft erzeugen die Initiativen des Geschäftsführers in der Organisation nur Verschiebungen, die nicht nachhaltig sind und keine *dauerhaften* Veränderungen mit sich bringen – das heißt tiefgreifende, fundamentale, langfristige Veränderungen.

Eine mögliche Lösung zeichnete sich an ganz unerwarteter Stelle ab: in meinem E-Mail-Eingang. Im Winter 2006 erhielt ich jeden Tag eine riesige Menge E-Mails. Auch nach all den Initiativen, die wir zur Erhöhung der Transparenz, zum Aufbau von Vertrauen und zur Umkehrung der Organisationspyramide eingeleitet hatten, war ein großer Prozentsatz der Nachrichten doch immer noch von der Art: »Vineet, geben Sie mir doch bitte eine Antwort auf meine Frage.« Sie beschrieben ein Problem oder eine sonstige Angelegenheit und schlossen mit einer Frage wie »Was würden Sie empfehlen?« oder »Was sollen wir tun?« oder »Wie sollen wir damit umgehen?«

Die Leute, die diese Mails schickten, gaben letztlich die Verantwortung für Veränderungen mir oder meinem Büro oder jemandem, an den ich die Sache weiterleiten würde. Unser Ziel bestand aber darin, die Verantwortung auf unsere Mitarbeiter zu übertragen, nicht sie ihnen von den Schultern zu nehmen. Es war ja nicht so, dass die Leute, die mir diese Fragen schickten, die Antworten nicht alleine finden konnten. Viele der E-Mail-Absender waren schließlich viel klüger als ich und wussten viel mehr über diese spezielle Technik, dieses Produkt oder die geografische Region, zu denen sie ihre Fragen stellten, als ich es wusste oder je wissen könnte. Und was noch wichtiger war, sie waren viel näher an der Wertzone und verstanden mehr davon, was getan werden musste, um höhere Werte für Unternehmen und Kunden zu schaffen. Warum also wandten sie sich weiter an mich, um eine Lösung zu finden? Sie wussten doch, dass ich gar nicht die Antwort auf alle Fragen haben konnte. Ich *sollte* diese Antworten nicht einmal haben, in einer Organisation mit so vielen verschiedenen Dienstleistungen, Märkten und Aktivitäten, wie wir sie haben. Es gab so viele Wertzonen, die weit von mir entfernt lagen, so viele ganz unterschiedliche Themen und Probleme.

Mir wurde klar, dass mir die Mitarbeiter solche Fragen aus zwei Gründen stellten. Zuerst einmal war es ganz einfach Gewohnheit, ein unüberlegter Reflex, typisch für Befehls- und Kontroll-Organisationen, in denen die Mitarbeiter automatisch nach oben schauen, wenn sie Antworten suchen. Und zweitens wollten sie vielleicht nicht die volle Verantwortung für die Antwort oder die Ergebnisse übernehmen. Sie wollten, dass ich – der CEO – oder mein Stab einen Teil oder die ganze Verantwortung übernähmen. Vielleicht wollten sie hinterher sagen können: »Tja, Vineet hat gesagt, das wäre okay. Gib mir nicht die Schuld.« Höchstwahrscheinlich *hatte* ich auch die Schuld. Vielleicht hatte ich sie ja glauben lassen, dass ich die Entscheidungen alle selber treffen *wollte,* sodass ich vielleicht die Ursache für ihr Verhalten war.

Aber was auch die Ursache war, die Situation musste sich jedenfalls ändern. Die Mitarbeiter mussten viel mehr Verantwortung für ihre Ideen und ihr Handeln übernehmen. Nachdem ich das Thema ausführlich mit meinem Führungsteam und vielen Kollegen besprochen hatte, kamen wir auf einen einfachen Katalysator, der zur Neuinterpretation der Rolle des

Geschäftsführers beitragen konnte: eine Ergänzung des U&I-Portals um eine neue Funktion.

Unser ursprüngliches Ziel war gewesen, mit U&I Transparenz zu schaffen und so Vertrauen aufzubauen. Damit hatten wir Erfolg gehabt. Nun erkannte ich aber, dass wir in unserem Bestreben, transparent zu sein und die Geschäftsführung offen und zugänglich zu gestalten, tatsächlich die Wahrnehmung gestärkt hatten, dass der Geschäftsführer allwissend und sein Stab allmächtig seien. Unbeabsichtigt hatten wir die Vorstellung genährt, die Geschäftsführung werde für alles die Verantwortung übernehmen. Die Prämisse für U&I war schließlich gewesen, dass jeder eine Frage an Vineet stellen konnte und ich oder ein Mitglied meines Büros dem Fragesteller dann schnell mit einer Antwort zur Verfügung stünde.

Dieses Streben nach Transparenz hatte im Endeffekt dazu geführt, dass jetzt noch mehr Macht im Büro des Geschäftsführers konzentriert war als zuvor. Aber wie ich in dem Kundentreffen mit Tarika und ihrem technischen Team erfahren hatte, existierte außerhalb meines Büros viel mehr Wissen als darin. Mir dämmerte, dass *ich* anderen eine Menge Fragen zu stellen hatte. »Vineet«, sagte ich zu mir, »du bist schließlich selber auch Angestellter.« Warum sollte dieses Fragenstellen nicht in beide Richtungen funktionieren? Ich hatte damals mit einer Menge Angelegenheiten zu kämpfen, von denen ich viele einfach nicht selber lösen konnte. Statt dieses Kämpfen nun zu verbergen und so zu tun, als wüsste ich alle Antworten, warum sollte ich da nicht meine Organisation um Hilfe bitten? Würde das nicht einen Kratzer auf der glänzenden Fassade der Geschäftsführung hinterlassen?

Also schufen wir auf dem U&I-Portal eine neue Sektion mit dem Titel *Meine Probleme*. Und genau darum ging es: um *meine* Probleme, die Fragen, die ich als Geschäftsführer nicht beantworten oder selbst lösen konnte. Ich begann Fragen zu posten, mit denen ich zu kämpfen hatte, und die Leute begannen mir Antworten zu schicken. Ein Thema ärgerte mich in dieser Zeit besonders. Wie Sie vielleicht wissen, gibt es eine Gruppe von Analysten-Unternehmen, die jede Menge Einfluss auf die Gemeinde der IT-Kunden haben. Diese äußerst klugen Organisationen führen Recherchen durch, bieten ihren Kunden Beratung an und haben beträchtlichen Einfluss darauf, wie die IT-Kunden denken. Sie sind Vermittler auf dem Markt und stehen oft zwischen Servicegesellschaften und Kundenunternehmen.

Zu dieser Zeit schienen einige dieser Vermittler eine große Vorliebe für die globalen IT-Lieferanten zu haben, gegen die wir jetzt so erfolgreich konkurrierten. Einige dieser Fachleute, wenn auch wenige, schienen zu glauben, groß sei immer besser, und empfahlen ihren Kunden daher, immer auf Größe zu setzen, selbst wenn kleinere Anbieter wie HCLT ein höherwertiges Angebot vorschlagen konnten. Das frustrierte mich, weil ich wusste, dass unsere Kapazität und Fähigkeit, Werte für unsere Kunden zu schaffen, genauso groß, wenn nicht größer war als die der Global Player, und unsere Fähigkeit zu Innovationen und bahnbrechenden Veränderungen größer. Mit anderen Worten war es weit wahrscheinlicher, dass wir der Apple oder Google der IT-Branche werden würden als jene, die als sicherer Tipp gehandelt wurden. Aber einige dieser Experten schienen unfähig, die Botschaft zu hören oder, wenn sie sie hörten, zu glauben. Vielleicht lag es ja daran, dass wir unsere Botschaft nicht richtig übermittelt, die Behauptungen über uns nicht richtig belegt hatten.

Einer der ersten Posts, die ich bei U&I in der Sektion *Meine Probleme* veröffentlichte, betraf daher dieses Thema. »Wie sollen wir die Branchenanalysten ansprechen, damit sie ihre Meinung ändern? Welche Belege können wir ihnen über unsere neuen Fähigkeiten und unseren einzigartigen Ansatz liefern?«, fragte ich. Und hängte noch ein paar weitere Rätsel an, die ich nicht lösen konnte.

Ich erhielt eine unglaublich große Zahl an Zuschriften. Es war, als hätte jeder in der Organisation eine Meinung zu dieser Frage und sei nur zu gern bereit, dem armen, völlig unbedarften CEO zu helfen. Wurden nun durch die Antworten, die ich auf *Meine Probleme* erhielt, alle Probleme der Organisation gelöst? Erhielt ich zu jedem meiner Anliegen die perfekte, sofort umsetzbare Antwort? Nein, natürlich nicht. Aber wir hörten jede Menge interessanter Punkte, Ideen und Lösungsvorschläge, die mir halfen, das Problem besser zu verstehen und mein Denken weiterzuentwickeln. In vielen Fällen ergab sich ein Hin und Her zwischen Beitragenden und mir, in dem wir Fragen wie die folgenden erörterten:

- Was ist die grundlegende Natur des Problems?
- Wie betrifft es uns tatsächlich?
- Müssen wir wirklich etwas unternehmen?
- Wer ist die richtige Person oder das richtige Team, um weiter darüber nachzudenken?
- Welcher zeitliche Ablauf macht Sinn?
- Wie sollen wir das Verfahren und die Lösung bewerten?

Indem diese Gespräche den Schwerpunkt auf »Meine Fragen und Ihre Antworten« legten, begannen sie die Verantwortung für Maßnahmen, die Veränderungen auslösen konnten, von mir auf andere Leute in der Organisation zu verlagern. Sie wurden mehr Dialog als Monolog.

Dann gingen wir mit diesem Konzept noch einen Schritt weiter und posteten strategische Ideen, über die wir nachdachten, und baten um Kommentare aus der Mitarbeiterschaft. Wir veranstalteten Meinungsumfragen zu verschiedenen Themen und veröffentlichten für jeden sichtbar die Ergebnisse. Das Führungsteam nahm die Vorschläge nicht immer an, die wir erhielten, und wir folgten auch nicht immer der Mehrheitsmeinung, die in den Umfragen zum Ausdruck kam. Aber das war auch gar nicht der eigentliche Sinn dieser Idee. Ziel war vielmehr, dass das gesamte Unternehmen miteinander reden und einander zuhören sollte, wie eine gute Familie, und dass das Management seine Entscheidungen rechtfertigen und publik machen sollte, wenn diese von der Mehrheitsmeinung abwichen.

Das war ein weiterer Schritt dahin, die Rolle des Geschäftsführers und seines Teams neu zu interpretieren. Wenn der Geschäftsführer nicht willens oder in der Lage war, alle Fragen seiner Mitarbeiter zu beantworten, und wenn er sie tatsächlich um Antwort zu den Problemen bat, die ihn selber beschäftigten, verteilten wir dann nicht die Verantwortung für unser Schicksal neu, teilten wir dann nicht das Schicksal? Hieß das dann nicht, dass jeder im Unternehmen Verantwortung zu übernehmen hatte, damit in der Wertzone Werte geschaffen wurden? Würde das jetzt nicht sicherstellen, dass unser Wettbewerbsvorteil jede Amtszeit eines Geschäftsführers überdauern würde? Bedeutete das nicht, dass wir alle Verantwortung übernehmen und die Philosophie von EFCS an alle neuen Mitarbeiter weitergeben mussten, damit diese weiter Bestand hätte?

Sich mit ganzer Person engagieren

Aber wir mussten noch mehr tun, um die Leute zu bewegen, mehr Verantwortung für Veränderungen im Unternehmen zu übernehmen. Es kommunizierte schließlich nicht jeder mit mir über U&I, sei es, um eigene Fragen zu stellen, sei es, um meine Fragen zu beantworten. Und es gab noch jede Menge Leute, die sich einfach nicht voll für das Unternehmen engagierten. Für sie war die Arbeit nur ein Job; was ihnen wirklich wichtig war, lag außerhalb des Arbeitsumfelds und jenseits ihres Arbeitstages.

Zu diesem Zeitpunkt hatte ich ein faszinierendes Gespräch mit dem IT-Leiter eines bedeutenden Unternehmens aus dem Kreis der globalen Top 100. Wir hatten gerade einen Vertrag mit ihm geschlossen, mit dem wir unser Engagement bei seiner Firma bedeutend ausbauen würden. Nachdem das Geschäft abgeschlossen war, fragte ich den IT-Leiter, warum er HCLT den Vorzug gegenüber den anderen Anbietern gegeben hatte, die sich ebenfalls für dieses Geschäft interessiert hatten.

Es war eine Pro-forma-Frage, auf die ich auch zunächst eine Pro-forma-Antwort erhielt. Er sprach von der Innovationskraft unserer Lösungen, von der Qualität unseres Service, von unserer entgegenkommenden Art, von unseren Anlagen und Standorten und von unserer Preisgestaltung. Aber dann sagte er: »Allerdings, Vineet, glaube ich, dass das ganze Angebotsverfahren für Aufträge wie diesen hier eigentlich nur sehr wenig Sinn macht. Wir bitten um Angebote, und ihr antwortet gewissenhaft. Das sagt uns aber nicht, was wir wirklich über euch und euer Unternehmen wissen wollen.«

»Wie meinen Sie das?«, fragte ich. »Wollen Sie sagen, dass unser Angebot Mängel hatte?«

»Überhaupt nicht«, sagte er. »Schließlich haben wir euch ja engagiert. Was ich damit sagen wollte, war vielmehr, dass das Angebot die wirklich wichtigen Sachen gar nicht anspricht.«

»Zum Beispiel?«

»Zum Beispiel wie eure Leute so sind. Wer sind sie? Worüber denken sie nach? Was haben sie für eine Ethik? Wofür können sie sich begeistern? Über die Instrumente und Techniken, die sie einsetzen, brauche ich nichts zu erfahren. Die werden ganz ähnlich sein wie die aller anderen Unternehmen auch. Ich will aber wissen, ob sie auch den zusätzlichen Kilometer laufen werden, für mich und mein Projekt. Finden sie das Ganze aufregend genug, um ihr Wissen auch über das hinaus zu teilen, was im Vertrag steht? Werden sie sich mit ihrer ganzen Person für die Zusammenarbeit mit uns engagieren?«

Dieser Gedanke berührte mich tief. Wenn es uns gelänge, dass sich die Leute mit ihrer Begeisterung, ihren Überzeugungen und ihrer Ethik engagieren, würden sie dann nicht mit größerer Wahrscheinlichkeit die Verantwortung für Veränderungen übernehmen? Würden sie das dann nicht geradezu verlangen?

Aber wie sollte man die Rolle der Begeisterung bei der Arbeit erfassen?

Die Quellen der Begeisterung erkennen: Die EPIC-Umfrage

Viele Unternehmen führen Umfragen durch, mit denen die Zufriedenheit der Mitarbeiter oder das Engagement der Mitarbeiter gemessen werden soll. Aber als ich über die Bemerkungen des IT-Leiters nachdachte, wurde mir klar, dass solche Ansätze unzulänglich waren. Ist denn Zufriedenheit wirklich ein nützliches Indiz für irgendetwas? Zufriedenheit ist etwas ganz anderes als Begeisterung. Gehört nicht zur Zufriedenheit das selbstgefällige Akzeptieren der Dinge, so wie sie sind? Wenn ich zufrieden bin, bin ich dann daran interessiert, etwas zu verändern oder zu verbessern?

Und was ist mit Engagement? Ist das denn besser? Ich nehme mal an, wenn ein Mitarbeiter engagiert ist, dann ist das besser, als wenn er nicht engagiert ist. Aber ist das nicht auch nur eine andere, etwas aktivere Form von Zufriedenheit? Ich engagiere mich für die Arbeit und das Projekt, heißt das dann aber, dass ich auch Fragen dazu stelle? Prüfe ich bessere Verfahrensweisen? Werde ich den zusätzlichen Kilometer laufen, an dem meinem Freund, dem IT-Leiter, so viel lag?

Wahrscheinlich nicht. Nur Begeisterung lässt die Leute morgens aus dem Bett springen, weil sie sich auf die Arbeit des Tages freuen. Nur Begeisterung bringt sie dazu, Dinge zu probieren, die schwierig oder gar unmöglich erscheinen. Nur Begeisterung veranlasst sie, Verantwortung zu übernehmen und Aufgaben anzugehen, die nicht in einem Vertragsdokument streng vorgeschrieben sind.

Also fragten wir uns, wie können wir die Begeisterung eines Mitarbeiters messen und nutzbar machen? Wie können wir unser Verständnis davon verbessern, was er oder sie wirklich mag oder gerne tun möchte? Konnten wir ein solches Maß nutzen, um den Leuten dabei zu helfen, ihre Leidenschaften zu finden und sie zu verfolgen und sich dadurch mehr für ihre Arbeit zu begeistern?

Wir wussten es nicht, aber wir beschlossen, es zu versuchen.

Zu diesem Zweck entwickelten wir eine Initiative mit dem Titel *Employee Passion Indicative Count* (EPIC; etwa: Indikatorsystem für die Mitarbeiterbegeisterung).

Wir erarbeiteten eine kurze Liste mit den Hauptbeweggründen für Begeisterung und ordneten sie nach drei Themen: selbst, sozial und säkular. Wir entwickelten einen Fragebogen, dessen Fragen nach diesen drei Themen gruppiert waren. Ziel der Befragung war, die zentralen Werte zu erkennen, die für Menschen die größte Bedeutung, haben und ihr Potenzial zu wecken, begeistert zu handeln, sei es persönlich oder beruflich.

Die Umfrage wurde zum großen Hit. Die Leute hatten großen Spaß daran, über die Begeisterung nachzudenken, die sie für ihre Arbeit empfanden oder auch nicht. Sie waren neugierig zu erfahren, was andere taten, um auf ihren jeweiligen Gebieten Begeisterung zu entwickeln. Manager waren in der Lage, den Puls ihrer Mitarbeiter einmal ganz anders zu messen. Das Interesse an der Umfrage führte zu zahlreichen Workshops und Teambesprechungen, die den Leuten alle dabei halfen, mehr über ihre Begeisterungsindikatoren nachzudenken und darüber, wie sie sich diese bei der Arbeit am besten zunutze machen konnten.

Dauerhafte Begeisterungsgemeinschaften schaffen: Die *Employee First Councils*

Als Nächstes brauchten wir ein Verfahren, wie wir die Begeisterung der Leute in die Organisationsstruktur einbauen konnten. Wir kamen auf die Idee, Mitarbeitergemeinschaften zu gründen, die wir *Employee First Councils* (etwa: Zuerst-der-Mitarbeiter-Räte) nannten und die rund um ein Gebiet der gemeinsamen Begeisterung herum entstehen sollten, ähnlich wie Clubs an der Uni. Die Räte sollten virtuell sein und alle organisatorischen Grenzen überschreiten, aber in jeder physischen Einrichtung einen gewählten Vertreter haben.

Die Idee verbreitete sich wie ein Lauffeuer. Es wurden Councils gegründet zum Thema Gesundheit und Hygiene, Kunst, Musik, soziale Verantwortung von Unternehmen und zu Dutzenden anderer Gebiete. Heute fungieren etwa 2500 Leute weltweit als Ratsvorsitzende und haben länderübergreifende Teams von Ratsmitgliedern, die gemäß ihren Interessengebieten oder Leidenschaften teilnehmen. Es ist eine Übung in Demokratie; die Vorsitzenden werden von den Mitarbeitern gewählt, nicht vom Management ernannt. Diese Praxis verschiebt die Macht weiter aus dem Büro der Geschäftsführung hinaus in die Arme des Seesterns.

Die Wirkung dieser Räte ist ganz erstaunlich. Sie gestatten es den Leuten, ihr Image bei der Arbeit aufzuwerten. Die Mitarbeiter engagieren sich in diesen Gruppen so stark, dass die Räte eine neue Möglichkeit darstellen, Wissen in der Organisation zu verbreiten und die gesamte Person samt Familie in die Unternehmenskultur einzubeziehen.

Die Employee First Councils erwiesen sich sogar als so beliebt und als so ergiebige Energiequelle für unsere Leute, dass wir nachzudenken begannen, wie wir die Gruppen so einsetzen könnten, dass sie direkteren Einfluss auf unser Geschäft hätten. Zu diesem Zweck gründeten wir nun auch Gemeinschaften, die sich speziell auf geschäftlich relevante Leidenschaften konzentrierten, wie etwa eine bestimmte Technik oder einen vertikalen Bereich. Schon bald lieferten diese geschäftlich ausgerichteten Gemeinschaften alle möglichen Ideen für HCLT und halfen uns, Pläne zu entwickeln und auf Vorschläge für neue Geschäfte zu kommen. (Die Idee für BAIT beispielsweise war in einer dieser geschäftlich ausgerichteten Gemeinschaften entstanden.) Als einige dieser Ideen begannen, neuen Umsatz zu erzeugen, erkannten wir, dass wir wieder über einen unerwarteten Vorteil gestolpert waren:

die Erzeugung neuer Geschäftsideen durch unstrukturierte Innovation.

Eine solche komplexe unstrukturierte Innovation, bei der es um Cloud Computing geht, befindet sich bei HCLT gerade in der Entwicklung, während ich dieses Buch schreibe. Organisationen auf der ganzen Welt versuchen, ihr Verständnis von Cloud Computing zu verbessern, bei dem es im Wesentlichen darum geht, Anwendungen vom Schreibtisch oder von den Servern der Unternehmen ins Web zu verlagern, was mit Sicherheit weitreichende Auswirkungen auf IT-Anbieter und ihre Kunden haben wird. Geschäftsmodelle werden radikale Veränderungen erleben; manche werden nicht überleben. Das Thema Cloud Computing wird bei HCLT nicht von einer Person, einem Team oder einer Gemeinschaft allein besetzt, weil seine Auswirkungen auf alle unsere Geschäftslinien immens sind.

Aber die Debatte und die Teilnahme der Gemeinschaft hilft uns, unser Bewusstsein zu schärfen, ein Gefühl für Dringlichkeit zu entwickeln, neue Gedanken anzuregen und zu verhindern, dass wir von Veränderungen überrascht werden. Als Geschäftsführer bin ich in diesem Gespräch nur eine Stimme unter vielen. Das Ergebnis ist, dass sich unsere strategische Antwort auf Cloud Computing ständig weiterentwickelt. Wenn ein spezieller Ansatz im Rat die kritische Masse erreicht, wird er an eine Gruppe übergeben, die sich auf seine Ausführung konzentriert. Nach meiner Überzeugung gedeihen Innovationen, besonders in unserer Branche, oft in solchen unstrukturierten Prozessen.

Diese Begeisterungsgemeinschaften – um persönliche Interessen und geschäftliche Felder herum aufgebaut – hatten den gewünschten Effekt auf die Struktur des Unternehmens. Sie trugen weiter dazu bei, die Verantwortung für die Entwicklung neuer Ideen über die Geschäftsführung und das Führungsteam hinaus auf Gemeinschaften von Menschen auszuweiten, die zusammenarbeiten und Alternativen außerhalb der Grenzen der Hierarchie entwickeln.

Ganz allmählich, Schritt für Schritt, Katalysator für Katalysator, wurde die Geschäftsführung ein bisschen weniger wie der allwissende Kopf der Spinne. Das Unternehmen wurde ein bisschen mehr wie der Seestern.

Die Verantwortung für die Festlegung der Strategie übertragen

Seit wir 2006 mit unseren Bemühungen begonnen haben, die Rolle der Geschäftsführung neu zu interpretieren und die Verantwortung für Veränderungen auf unsere Mitarbeiter zu übertragen, haben wir auch noch viele andere Katalysatoren und Initiativen ausprobiert. Wir begannen zum Beispiel zu erkennen, dass wir das Verhältnis zu unseren Kunden ändern und diese in die Lage versetzen mussten, mehr Verantwortung zu übernehmen, wenn es darum ging, in welche Richtung unsere Partnerschaft und unsere neuen Anstrengungen gehen sollten. Wir hatten bereits Beratergruppen von Kundenseite und die vierteljährliche Konferenz eines Lenkungskomitees, das sich um Kundenbelange kümmerte, aber wir wollten die Kunden noch stärker in die Wertschöpfung mit einbeziehen und unsere Mitarbeiter gleichzeitig weiter auffordern, über ihre definierten Rollen hinaus mehr Verantwortung zu übernehmen.

Schon bald hatten wir einen Lösungsvorschlag: die Schaffung einer Ideenbörse für Kunden und unsere Mitarbeiter, die als *value portal* (*Wertportal*) bezeichnet wurde. Die Mitarbeiter konnten neue werterzeugende Ideen entwickeln und hinterlegen und sie den Kunden mitteilen, die diese Ideen dann nach verschiedenen speziellen Kriterien beurteilen und bewerten sollten. Für die Teilnahme und die Entwicklung gut bewerteter Ideen sollten Mitarbeiter Anerkennung und Belohnung erhalten.

Kurze Zeit nachdem wir das Wertportal eingerichtet hatten, beteiligten sich bereits mehr als hundert Kunden. Die HCLT-

Mitarbeiter ihrerseits hatten bereits Tausende von Ideen entwickelt, die das Potenzial hatten, unseren Kunden Hunderte von Millionen Dollar zu ersparen.

Nun waren wir, wie man es sagen könnte, bereit zum letzten Schritt: es den Mitarbeitern zu ermöglichen, an der Verantwortung für die Festlegung der Unternehmensstrategie teilzuhaben und beim Bestimmen unserer Zukunft mitzuarbeiten.

Ich muss jetzt ins Jahr 2009 vorausspringen, wenn ich den kraftvollsten Ausdruck beschreiben will, den dieser Ansatz gefunden hat, ein Konzept mit dem Titel *MyBlueprint*. Wie schon beschrieben, hatten wir 2005 unser erstes Blueprint-Meeting abgehalten, eine Versammlung unserer führenden Manager, auf der wir darüber gesprochen hatten, wohin unsere Reise in den nächsten fünf Jahren gehen sollte. 2009 näherten wir uns nun dem Ende dieses Plans und mussten die nächste Etappe unserer Reise ausarbeiten.

Um die 300 Manager trugen die Verantwortung, Pläne für ihre spezifischen Geschäftsfelder auszuarbeiten. In der Vergangenheit wurden ihre schriftlichen Pläne und die mündliche Präsentation von der Person auf der nächsthöheren Stufe der Hierarchieleiter geprüft, mich eingeschlossen. Im Jahr 2009, in dem wir dabei waren, die Rolle der Geschäftsführung neu zu definieren, befand ich mich nun gerade mitten in diesem jährlichen Prüfprozess. Ich fragte mich: Warum soll ich eigentlich derjenige sein, der das alles prüfen soll? Was weiß ich denn vom Geschäft dieser 300 Manager? Wie kann ich sie wirklich einschätzen? Welchen Wert steuere ich bei? Wäre es für einen Manager, der im Bereich Finanzdienstleistungen tätig ist, nicht viel sinnvoller, Ansichten darüber zu hören, wie Einzelhandelsunternehmen in den Beziehungen zu ihren Endverbrauchern Innovationen einführen, oder wie Medien- und Verlagsunternehmen bei dem Verfahren Innovationen einführen, mit dem sie digitale Inhalte auftun und zu Geld machen – was beides möglicherweise neue Ideen und Lösungen für den Finanzdienstleistungskunden dieses Managers zeitigen würde? Würde nicht ein australischer Manager eine Menge von seinem europäischen Counterpart lernen, der schon einmal vor ähnlichen Problemen und Herausforderungen gestanden hat?

Daher beschlossen wir, 2009 gar kein physisches Blueprint-Meeting abzuhalten.

Stattdessen kamen wir überein, dass die 300 Manager ihre jeweiligen Pläne ausarbeiten und aufzeichnen sollten, und die Aufzeichnungen würden dann im Portal *MyBlueprint* gepostet, ähnlich wie bei Facebook. Die Pläne wären offen für eine Überprüfung durch weitere 8000 HCLT-Manager, zu denen sowohl Leute zählten, die in der traditionellen Hierarchie über ihnen standen, als auch solche unter ihnen. Das würde, wie wir hofften, den Planungsprozess eher in eine Beurteilung von gleich zu gleich transformieren als eine von oben nach unten. Es würde die Planungen viel näher an die Wertzone heranbringen. Es würde weitere Verantwortung aus dem Büro der Geschäftsführung herausverlagern.

Und, kam es zu einer »Ja-aber«-Flut?

Selbstverständlich kam es dazu.

»Aber Vineet, das heißt, dass *Sie* sich die Pläne gar nicht ansehen?«

»Sie wollen, dass wir unsere Pläne 8 000 Managern mitteilen? Damit treiben wir es aber zu weit mit der Transparenz. Wir geben ja unsere ganze Strategie preis. Die ganze Welt sieht ja dann, wohin wir steuern!«

»Vineet, wir haben das bisher immer nur für die Augen führender Manager ausgearbeitet. Welche Form soll das denn im Portal *MyBlueprint* haben?«

Wir machten jedenfalls weiter. Und der Effekt war erstaunlich. Die 300 Manager posteten ihre Pläne. Und als ich mir einige Aufzeichnungen anhörte, war ich überrascht, dass sie ganz anders klangen als die persönlichen Präsentationen, die ich in den vergangenen vier Jahren immer gehört hatte. Weil die Manager nun wussten, dass die Aufzeichnungen von einer großen Zahl Menschen geprüft werden würden, darunter auch ihren eigenen Teams, hatte sich der Tiefgang ihrer Geschäftsanalysen und die Qualität ihrer Strategiepläne verbessert. Sie waren ehrlicher in der Einschätzung der gegenwärtigen Herausforderungen und Chancen. Sie sprachen weniger davon, was sie zu erreichen hofften, sondern mehr von Maßnahmen, mit denen sie spezifische Ergebnisse erzielen wollten.

Wie immer hatte der Katalysator auch unerwartete Nebenwirkungen. 8000 HCLT-Manager nutzten die Gelegenheit, die Aufzeichnungen im Portal *MyBlueprint* zu prüfen. Bald brummte das Netzwerk. Die Leute wiesen ihre Kollegen auf Beiträge hin, die sie für nützlich hielten. Die Mitarbeiter einer Abteilung diskutierten mit neuem Verständnis über ihre Zukunft und ihnen gefiel die Transparenz. Die Menge an Wissen, die außerhalb der Mauern der offiziellen Hierarchie ausgetauscht wurde, war außergewöhnlich groß. Manager knüpften über alle Grenzen hinweg neue Verbindungen.

Die Leute posteten zu den Strategien Kommentare, die Managern neue Perspektiven und Gedanken eröffneten, die weit relevanter und durchführbarer waren als der Input, den die Manager typischerweise in ihren jährlichen Prüfungen erhalten hatten. Wenn ein neuer Mitarbeiter ins Team kam, hatte er jetzt einen Ort, zu dem er oder sie gehen konnte, um zu erfahren, was das Team zu erreichen versuchte und warum. Jeder fühlte sich jetzt in der Lage, Beiträge zum Überlegungs- und Planungsprozess zu leisten. Die Leute verstanden die Herausforderungen besser, machten sich die Pläne zueigen und konnten sich hinter die Strategie stellen, wie ich es noch nie erlebt hatte.

Zum Schluss nahmen dann auch mein Führungsteam und ich an dem Prozess teil und gaben Kommentare und Feedback, aber unsere Stimmen waren jetzt nur noch wenige unter 8000.

War das Verfahren *MyBlueprint* ein Erfolg? Ich denke, ja. Werden wir es nächstes Jahr wieder so machen? Wahrscheinlich, aber es wird zweifellos neue Irrungen und Wirrungen geben, neue Verfeinerungen und Katalysatoren. Nichts ist je vollkommen.

Die Verantwortung auf ein übernommenes Unternehmen ausweiten: Die umgekehrte Fusion mit AXON

Unsere Bemühungen, die Verantwortung mit Mitarbeitern und Unternehmenseinheiten zu teilen, erstreckte sich auch auf die Art und Weise, wie wir mit Fusionen und Übernahmen umgingen. Im Dezember 2008 tätigte HCLT die 440-Millionen-Pfund-Übernahme einer britischen SAP-Beratungsfirma, AXON Plc, die bisher größte Auslandsübernahme durch ein indisches IT-Unternehmen.

Zu dieser Zeit war die SAP-ERP-Software in schnellem Wachstum begriffen. Wir waren nicht in der Lage, hochwertiges SAP-Beratungspotenzial organisch zu erzeugen. AXON war das größte und erfolgreichste unabhängige SAP-Beratungsunternehmen der Welt, daher erwarben wir das Unternehmen, damit es uns helfen konnte, unser Angebot zu stärken und schneller zu wachsen.

Wir waren jedoch entschlossen, nicht denselben Fehler zu begehen, den so viele Unternehmen bei ihren Übernahmen machen: die AXON-Organisation zu zwingen, sich in die HCLT-Organisation zu integrieren. Stattdessen anerkannten wir, dass wir AXON deshalb erworben hatten, weil wir auf diesem Gebiet schwach waren und sie stark, und es uns daher darum gehen musste, AXONs Erfolg zu fördern, statt uns darauf zu konzentrieren, wie wir sie bei HCLT integrieren könnten. Dementsprechend ließen wir unsere eigene SAP-Organisation mit ihren etwa 2500 Leuten in AXON aufgehen. Dann versetzten wir HCL AXON in die Lage, noch erfolgreicher zu werden, indem wir ihnen gestatteten, Bilanz, Marke, Reichweite, Kunden, Lösungen und Innovationsrahmen von HCLT zu nutzen. Dieser Ansatz funktionierte so gut, dass das

Führungsteam von HCL AXON neun Monate nach der Akquisition die Aufgabe übernahm, auch viele weitere Teile der HCLT-Geschäfte zu betreiben.

Auf diese Weise erreichten HCL AXON und der Rest von HCLT eine Menge Wachstum, HCLT-Kunden konnten ein neues Angebot nutzen, und unser Börsenkurs stieg, sogar mitten im Abschwung 2008/09. Und ich als CEO erhielt eine größere Bandbreite, innerhalb derer ich etwas unternehmen konnte. Oder vielleicht sollte ich sagen: weniger unternehmen musste. Denn mit anderen Worten ging viel von der Verantwortung, die bei einer Übernahme typischerweise an den CEO und sein Team übertragen worden wäre, tatsächlich in die entgegengesetzte Richtung.

Wir erkannten, dass das Konzept EFCS, angewandt auf eine große Übernahme wie die AXON-Fusion, so kraftvolle Ergebnisse zeitigen konnte, dass wir in diesem Jahr noch vier weitere erfolgreiche Übernahmen tätigten. Mit jeder von ihnen bewiesen wir, dass ein Geschäftsführer, der sich weniger auf das Herrschen und mehr auf das Fördern konzentriert, viel erreichen kann, was sonst möglicherweise zu riskant gewesen wäre.

Welche Vorteile es hat, die Verantwortung für Veränderungen zu übertragen

Zu dieser Neuinterpretation der Rolle des Geschäftsführers haben mir viele Leute Fragen gestellt. Meinte ich das wirklich ernst? Muss ein Geschäftsführer nicht die Zügel der Macht fest in Händen halten? Wie kann ein Unternehmen in einem kooperativen Prozess seine Strategie formulieren?

Ich bin fest davon überzeugt, dass ein Großteil der Verantwortung für das Management eines Unternehmens an die Mitarbeiter übertragen werden muss, aus folgenden drei Gründen:

- Erstens entzieht eine Konzentration der Macht im Büro der Geschäftsführung diese Macht der Wertzone. Das Büro der Geschäftsführung ist von der Wertzone immer zu weit entfernt, um sie wirklich verstehen zu können. Ein Geschäftsführer, der versucht zu lenken, was dort vor sich geht, kann die Wertzone, besonders in Unternehmen der Dienstleistungsbranche und der Wissensökonomie, einfach vor die Wand fahren.
- Der zweite Grund ist die Geschwindigkeit. Die Geschwindigkeit des Denkens, Veränderns und Implementierens wird durch zu viel Hierarchie gebremst, wo immer sie auch stattfindet. Die einzige Möglichkeit, die Hierarchie in einer Organisation zu beseitigen, ist, die Rolle des Geschäftsführers neu zu interpretieren als eine Person, die mehr Fragen stellt, als sie beantwortet. Dann wird der Rest der Hierarchie bald in sich zusammenbrechen.
- Der dritte Grund, die Rolle der Geschäftsführung neu zu interpretieren, ist das Element Wissen. Die Komplexität der Wissens- und Dienstleistungsökonomie ist so hoch, dass eine Einzelperson oder Unternehmenseinheit einschließlich Geschäftsführer und Geschäftsführungsbüro unmöglich dieses ganze Wissen haben kann. Die Geschäftsführung muss es sich stattdessen zur Aufgabe machen, diejenigen Leute, die dieses Wissen tatsächlich besitzen, in die Lage zu versetzen, zu tun, was sie gut können, statt Entscheidungen unter Verwendung unvollständigen, unvollkommenen und wahrscheinlich überholten Wissens selbst zu fällen.

Der Geschäftsführer kann nicht mehr derjenige sein, der die Strategie beim Essen auf eine Papierserviette kritzelt. Er kann nicht mehr die Person sein, die sich vor eine Menschenmenge stellt, um sie mit fabelhafter Rhetorik zu motivieren. Geschäftsführer sind nicht mehr diejenigen mit den besten und klügsten Ideen. Die Rolle der Geschäftsführung besteht vielmehr darin, die Leute in die Lage zu versetzen, zu glänzen, ihnen zu helfen, dass sie ihre eigene Klugheit entdecken, sich vollständig für ihre Arbeit engagieren und die Verantwortung für das Herbeiführen von Veränderungen übernehmen.

Auf dem Weg zu Selbstbestimmung

Ich habe eine ganz persönliche und schon lange anhaltende Abneigung gegen Hierarchien. Vielleicht ist das der Grund, warum mir so viel daran liegt, die Rolle der Geschäftsführung zu überdenken und andere für das Ziel zu gewinnen, die Verantwortung für die Arbeit des Unternehmens zu teilen.

Ich hatte das Glück, dass die Lehrer an meiner Schule die Rolle von Personen übernahmen, die uns in die Lage versetzen wollten, selbst zu denken. Sie wollten die Herrschaft über unsere Ausbildung auf die Schüler übertragen, und das so früh im Leben wie möglich. Sie sahen sich nicht als die CEOs des Klassenzimmers.

Auch in unserer Familie gab es nicht viel Hierarchie. Mein Vater starb bereits, als ich noch ein Teenager war. Daher gab es die traditionelle Befehls- und Kontroll-Struktur, der er theoretisch hätte anhängen können, in unserem Haushalt gar nicht.

Mit den Jahren habe ich auf der Suche nach Hinweisen und Modellen, die sich aufs Geschäft anwenden lassen, auch andere Institutionen beobachtet und studiert, von philanthropischen Organisationen bis hin zu religiösen Gruppen. Ich bin zum Schluss gelangt, dass Menschen, die Begeisterung und Verantwortung für das empfinden, was sie tun, nicht nur ein Unternehmen, sondern auch sich selbst transformieren können.

Sobald wir die Zuständigkeit für unsere kollektiven Probleme von der mutmaßlich allmächtigen Geschäftsführung auf die Mitarbeiter übertragen, wollen die Menschen ihr Berufs- und Privatleben auf ganz andere Weise transformieren und handhaben als je zuvor. Sie sehen das Unternehmen dann auf einmal als ihr eigenes Unternehmen an. Sie beginnen wie Unternehmer zu denken. Ihr Energiequotient springt nach oben. Und wenn das bei einer kritischen Masse von Mitarbeitern im Unternehmen passiert (für gewöhnlich reichen fünf bis zehn Prozent), dann kommt es zu einer Art Kernfusion – einer Verbindung der menschlichen Partikel im Molekül des Unternehmens, die eine gewaltige Menge Energie freisetzt.

Das letzte Ziel aller Initiativen, die ich in diesem Kapitel beschrieben habe, geht also über eine Neuinterpretation der Rolle der Geschäftsführung noch hinaus; es besteht in der Schaffung eines selbstverwalteten, selbstorganisierten Unternehmens. So weit sind wir bei HCLT noch nicht. Wir brauchen noch ein paar Dinge, ein paar Tropfen, mehr und ein wenig mehr Zeit.

Viele Manager in unserer Organisation sind zu Bannerträgern für unsere Bemühungen geworden, die Verantwortung für Veränderungen aus dem Büro der Geschäftsführung heraus zu verlagern, und für das Streben nach Selbstverwaltung. »Es ist allerdings nicht immer der leichteste Weg, wenn man etwas schaffen will«, haben sie mir gegenüber oft zugegeben. »Andererseits macht der leichteste Weg aber auch meist nicht so viel Spaß.«

In der Tat habe ich gesehen, wie Menschen sich in ihrem Kampf sehr schwertaten, Entscheidungen für sich und ihre organisatorischen Einheiten zu treffen und Verantwortung zu übernehmen. Ich selber bin auch viele Male gestolpert. Wir haben ebenso viel Scheitern gesehen wie Erfolge. Ich habe auf vielen Foren über Themen rund um die Übertragung von Verantwortung an die Mitarbeiter sowie über das gesamte Konzept EFCS debattiert. Manchmal war ich nicht in der Lage, unseren Ideen volle Gerechtigkeit widerfahren zu lassen, und es ist mir wahrscheinlich bei etlichen Gesprächsteilnehmern nicht gelungen, sie zu überzeugen.

Dennoch sind wir den Weg *Zuerst der Mitarbeiter – dann der Kunde* erfolgreich weitergegangen. Die Überzeugung und Begeisterung von Mitarbeitern überall in der HCLT-

Organisation – von Leuten, die die entscheidenden Elemente zu Veränderungen sind, und die so viel Geist und Herz in unser Unternehmen und seine Transformation investieren – hat dies möglich gemacht und mir persönlich die Kraft zum Weitermachen gegeben.

Ohne diese Leute wären wir den Hügel schon längst wieder hinuntergerutscht und würden jetzt einen Berg hinaufschauen, der für uns zu hoch zum Erklimmen ist.

5
Verstehen durch Missverständnisse: Den Kreislauf der Veränderung erneuern

Möglicherweise ist das Konzept Employees First – Customers Second (EFCS, *Zuerst der Mitarbeiter – dann der Kunde*) leichter misszuverstehen als zu verstehen. Es gibt sehr viele Möglichkeiten, es *nicht* als das zu sehen, was es wirklich ist.

Daher möchte ich in diesem Schlusskapitel mit Ihnen noch ein wenig darüber reden, was EFCS tatsächlich ist und was es nicht ist; was es für Sie, Ihr Unternehmen und Ihre Mitarbeiter tun kann und was nicht. Vielleicht ist das ja eine Umkehrung der Struktur, die Sie in einem solchen Buch erwarten würden. (Allerdings ist das Hauptthema dieses Buches ja der Wert des Umkehrens traditioneller Strukturen, daher können wir hier ja vielleicht auch einmal alles auf den Kopf stellen.) In den vorangegangenen Kapiteln habe ich zunächst von den praktischen Themen und den einzelnen Schritten gesprochen, die wir auf unserer Reise unternommen haben. Jetzt möchte ich mich den Missverständnissen widmen, die durch diese Philosophie verursacht werden können.

Das erste Missverständnis: Das funktioniert nicht, sobald die Zeiten härter werden

»Tja, Herr Nayar, das ist ja alles gut und schön«, höre ich die Leute zu mir sagen. »Ihre Geschichten über Spiegel und Regentropfen und Geflügelfarmen sind ja alle ganz interessant und oft sogar anregend. Aber was passiert denn, wenn die Zeiten einmal härter werden? Was passiert, wenn Ihr Unternehmen in schweres Wetter gerät? Wenn die Wirtschaft nicht mehr läuft? Wenn Ihre ganze Branche an Bedeutung verliert?«

»Vor allem, Herr Nayar, was passiert denn, wenn Sie keine andere Wahl mehr haben, als Kosten zu reduzieren, und, Gott bewahre, die Zahl ihrer wertvollen Mitarbeiter zu verringern? Werden die immer noch glauben, dass Sie ihnen rechenschaftspflichtig sind, wenn Sie ihnen den blauen Brief überreichen?«

Witzig, dass sie das fragen.

Am Tiefpunkt der Wirtschaftskrise standen wir bei HCLT vor den gleichen Problemen wie die meisten anderen Unternehmen auch – das heißt im Wesentlichen vor der Gefahr eines starken Geschäftseinbruchs. In dieser Zeit, zwischen Mitte 2008 und Ende 2009, wurde das Konzept *Zuerst der Mitarbeiter – dann der Kunde* auf eine harte Probe gestellt. Wir fragten uns: Ist das Konzept in Zeiten wie diesen noch relevant? Können wir es uns leisten, unsere Mitarbeiter an die erste Stelle zu setzen, wenn unsere Kunden selbst zu kämpfen haben? Werden nicht Entlassungen erforderlich sein? Ist das nicht die einzige Möglichkeit, die Kosten niedrig zu halten, wenn die Bruttoumsätze wegbrechen? Und spricht das nicht gegen die ganze Idee, den Mitarbeiter an die erste Stelle zu setzen?

Ich besprach das mit meinem Führungsteam. Wir wussten in der Tat nicht, wie wir mit dieser Gefahr des Geschäftsrückgangs in einer ernsten Wirtschaftskrise umgehen sollten, weil wir mit einer solchen Situation noch nie konfrontiert waren. Wir weigerten uns aber zu glauben, dass eine Massenentlassung von Mitarbeitern die einzige Möglichkeit wäre, Kosten zu senken und die Krise zu überleben. Wir spürten in unseren Herzen, wir könnten das Risiko in eine Chance verwandeln, wenn wir uns weigerten, die Rezession als Entschuldigung für nachlassende Leistungen zu akzeptieren, und wir für unsere Mitarbeiter die richtigen Maßnahmen ergriffen.

Diese Ansicht stützte sich auf meine Überzeugung, dass die gesamte Wissensökonomie auf dem Vertrauen aufbaut, das

Beschäftigte und Arbeitgeber zueinander haben; sonst gibt es da gar nichts. Es ist nur dieses Verhältnis – zwischen Mitarbeitern und Organisation –, das ein Unternehmen trägt. Wenn Sie nun eine Massenentlassung vornehmen, die nichts mit der Leistung dieser Mitarbeiter zu tun hat, sondern nur Kostenreduzierung zum Ziel hat, dann wird das Gewebe dieses Vertrauens zerrissen. Die Voraussetzung für die Existenz der Organisation wird zunichte gemacht.

Wir mussten also einen anderen Weg finden, für den wir uns nicht zu entschuldigen brauchten. Wir blieben unserem Prinzip *Zuerst der Mitarbeiter* treu und wählten einen Weg, der über Transparenz, umgekehrte Rechenschaftspflicht und kollektive Intelligenz führte. Wir wandten uns über Live-Events und Online-Medien an 10 000 HCLT-Mitarbeiter und sagten: »Wie sollen wir auf diese Herausforderung reagieren? Teilen Sie uns bitte Ihre Gedanken und Ideen mit.« Wir nannten das Programm *Smart Response* (im Deutschen: Kluge Antwort).

Wie wir es inzwischen erwarteten, kamen die Antworten sofort und in riesiger Menge. Und wie wir bereits aus früheren Initiativen gelernt hatten, waren nicht alle Ideen nützlich. Es wurden aber schließlich 15 Initiativen daraus, die wir implementierten und die zu gewaltigen Kostenersparnissen für das Unternehmen führten. Auch wenn die Initiativen, so wie sie schließlich implementiert wurden, ganz anders aussahen als die ursprünglichen Vorschläge, die wir über *Smart Response* erhalten hatten, spielte das nicht die entscheidende Rolle. Das leitende Managementteam und ich hätten diese Initiativen nie allein konzipieren können. Wir improvisierten mit ihnen, verfeinerten sie, entwickelten sie weiter und hatten schließlich eine ganz starke Liste von Finalteilnehmern beisammen.

Überraschenderweise zählte zu den Vorschlägen auch die Idee, die Größe der Belegschaft zu verringern, indem Leute, deren Leistungen unter dem Standard lagen oder die nicht flexibel waren, aufgefordert wurden, das Unternehmen zu verlassen. Mitarbeiter, die solche Vorschläge machten, argumentierten, dass wir Trittbrettfahrer loswerden müssten, um zu überleben und, ganz wichtig, die Leistungsstarken zu motivieren.

Die Hauptwirkung der Initiative *Smart Response* resultierte aber letztlich nicht aus Kostensenkungsmaßnahmen, sondern aus der Erhöhung der Einnahmen. Dadurch, dass unsere Mitarbeiter aufgefordert wurden, eine Antwort auf die schwierige Frage zu finden, wie sich die Rezession am besten überstehen ließe, fühlten sie sich mit ins Boot geholt und hinsichtlich ihrer Zukunft beruhigt und begannen, sich darauf zu konzentrieren, wie die Kundenschnittstelle aufregender gestaltetet werden könnte, damit der Anteil am Kundenbudget wuchs. Das war eine ganz andere Situation als in manchen anderen IT-Unternehmen, die größtenteils keine integrativen Ansätze verfolgten, um ihre Reaktion auf die Rezession abzuwägen. Die Mitarbeiter solcher Unternehmen waren verunsichert und auf ihr eigenes Schicksal konzentriert, sie fühlten sich demotiviert und ängstlich. Das führte dazu, dass sich ihre Leistung in der Wertzone verringerte und die Probleme des Unternehmens sich verschlimmerten, was wiederum zu einer Abwärtsspirale von noch weiter sinkender Leistung und sich vertiefender Angst führte. Während der Marktanteil dieser Firmen sank, wuchs HCLT in der schlimmsten Zeit der Rezession pro Jahr um 20 Prozent. Unsere Auftragseingänge erreichten in diesen Monaten den doppelten Umfang wie in der gleichen Periode des Vorjahres, und wir schrieben rund um die Welt Tausende neuer Stellenangebote aus. In den USA und Großbritannien stellten wir 1500 neue Mitarbeiter ein.

Der Management-Experte Gary Hamel hatte auf die Klugheit eines solchen Vorgehens schon weit vor Ausbruch der Rezession hingewiesen. Er schrieb: »Unglücklicherweise macht eine Bedrohung, die jeder wahrnimmt, über die aber keiner spricht, mehr Angst als eine Bedrohung, die klar erkannt wurde und die im Brennpunkt der Problemlösungsbemühungen des gesamten Unternehmens steht.«[1]

Ich fragte mehrere unserer Großkunden, warum wir ihrer Meinung nach in dieser Zeit unseren Marktanteil hatten vergrößern können. Sie sagten alle dasselbe: »Ihre Mitarbeiter haben dieses Wunder bewirkt.«

Die Liste der Ideen, die aus dem *Smart-Response*-Prozess resultierten, versetzte HCLT in die Lage, die Konjunkturabschwächung besser zu managen als viele unserer Konkurrenten, und, was noch wichtiger ist, sie bewies, dass das Konzept EFCS in harten Zeiten sehr wohl funktioniert. Haben wir also alles richtig gemacht? Wahrscheinlich nicht, aber der Katalysator *Smart Response* reichte aus, um eine bedeutende Veränderung des Mitarbeiterverhaltens auszulösen und das gewünschte Geschäftsergebnis zu erzielen.

Das zweite Missverständnis: Wir brauchen das nicht, weil doch alles gut läuft

Seltsamerweise erhalte ich auch diese umgekehrte Reaktion auf *Zuerst der Mitarbeiter:* Nicht nur, dass es in harten Zeiten nicht funktionieren würde, sondern auch, dass es in guten Zeiten unnötig sei. Diesen Irrglauben kontere ich gern mit der Geschichte von der Ameise und dem Schmetterling, einer Geschichte, die zeigt, dass bahnbrechende Initiativen wie EFCS immer dann am nötigsten gebraucht werden, wenn die Zeiten gut sind oder gut zu sein scheinen.

Betrachten wir einmal die junge Ameise. Sie lernt zunächst bei Vater und Mutter, geht dann auf die Schule und Hochschule und macht ihren MBA. Irgendwann in dieser Zeit wird die Ameise ziemlich eingebildet. »Ich bin besser als alle anderen Ameisen«, sagt sie. Wenn die Ameise sich ganz stark bemüht, kann sie sogar noch besser werden. Und wenn sie sich superstark bemüht, kann sie zur Rennameise werden, wie ich es nenne. Und ja, wenn diese Ameise dann auch noch Glück hat – zum Beispiel durch eine große Erbschaft oder eine sehr gute Heirat –, dann kann sie auch die schnellste Rennameise der Welt werden.

Sie ist dann allerdings immer noch eine Ameise.

Wenn du nun aber eine Ameise bist und willst zum Schmetterling werden, dann ist das eine ganz andere Geschichte. Da musst du zunächst einmal den ganz brennenden Wunsch haben. Dann musst du bereit sein, alles aufzugeben, was dir am Ameisendasein gefällt. Du musst akzeptieren, dass all dein Wissen, mit dem du zur schnellsten Rennameise geworden bist, dir nicht dabei helfen kann, ein Schmetterling zu werden. Du brauchst dann ein völlig anderes Wissen.

Schauen Sie sich die Entwicklung von Mohan Das Karamchand Gandhi zu Mahatma Gandhi an. Wie hat er das gemacht? Er kam auf eine Idee – Gewaltlosigkeit –, die noch nie zuvor erwogen wurde, die nicht etabliert war und von keiner anderen Führungskraft angewandt wurde. Er verließ die konventionellen, ausgetretenen Pfade und wählte stattdessen eine unkonventionelle Route. Diese Straße führte ihn an einen wunderbaren Ort, an dem er – ebenso wie seine Anhänger, seine Nation und die ganze Welt – noch nie gewesen war.

Eine Ameise kann ohne Weiteres zum Geschäftsführer werden. Aber diese Ameise wird nie zur richtigen Führungskraft, wenn sie sich nicht in einen Schmetterling verwandelt. Das Gleiche gilt auch für Menschen. Wenn man traditioneller Geschäftsführer ist, dann ist die einzige Möglichkeit, zur Führungskraft zu werden, auf seine innere Stimme zu hören. Wenn sie sagt, dass man etwas Bestimmtes tun soll, und man dazu auch in der Lage ist, dann kann man vielleicht die Führungskraft werden, die man gern sein möchte.

An diese Geschichte wurde ich erinnert, als ich 2008 an einer Geschäftsführer-Konferenz an der Westküste teilnahm. Ich sprach dort über EFCS, und als die Sitzung vorüber war und ich mich zum Aufbruch bereit machte, trat ein junger Mann, vermutlich Ende 30, auf mich zu und sprach mich an. Er stellte sich vor als Huang Li (den Namen habe ich geändert) und sagte, er sei Geschäftsführer einer chinesischen Hotelkette. Zu Beginn des Gesprächs gratulierte mir Huang zunächst einmal zu meiner Rede, aber dann folgte recht schnell eine Kritik, die mir inzwischen äußerst vertraut ist.

»Auch wenn Ihre Ideen ja alle sehr interessant klingen, Herr Nayar«, sagte er mit kühlem Selbstbewusstsein, »kann ich mir aber doch nicht vorstellen, dass sie auf jede Situation anwendbar wären.«

Ich hatte diese Bemerkung schon oft gehört und höre sie auch immer noch sehr häufig. Ich lächelte und lud Huang auf einen Kaffee in die Networking Lounge ein. Während wir an unserem Latte nippten, nahmen wir unsere Diskussion auf.

»Offen gestanden«, begann Huang, »kann ich in der Strategie *Zuerst der Mitarbeiter* keinen Sinn erkennen. Jedenfalls nicht für mich und mein Unternehmen.«

Ich beschloss, seinen Argumenten nicht zu widersprechen. Stattdessen lud ich ihn ein, von seinem Hotelbetrieb zu erzählen. Huang war wie die meisten Menschen nur zu gern bereit, seine Story zu berichten. Offenbar handelte es sich um ein Familienunternehmen, das im Segment der Luxus-Hotels und -Resorts in der Region Schanghai führend war. (Ich habe auch den Standort seines Unternehmens geändert.) Der Schlüssel zum Büro des Geschäftsführers war von Generation zu Generation weitergegeben worden. Soweit ich es sehen konnte, bestand das Führungsteam aus einer Gruppe von Tanten, Onkeln, Cousins und Cousinen, alle genetisch verbunden in einer fröhlichen, loyalen Chefetage.

Als Huang von Führung, Tradition und Kultur des Unternehmens sprach, wurde mir schnell klar, warum er nicht an EFCS glaubte und wahrscheinlich auch nicht glauben konnte. Er war in ein streng geführtes Familienunternehmen hineingeboren worden. Die Vorstellung, diese imperialen Unternehmensführer sollten ihren Angestellten rechenschaftspflichtig sein, wäre ihm tatsächlich völlig lächerlich erschienen. Ich konnte ihm keinen Vorwurf machen, dass er so dachte.

Nachdem er mir nun von seinem Unternehmen erzählt hatte, kehrten wir zu unserem ursprünglichen Gesprächsthema zurück, und erneut stellte Herr Huang das Konzept infrage. »Glauben Sie nun immer noch, dass wir diese umgekehrte Rechenschaftspflicht und Ihre ganzen anderen revolutionären Ideen brauchen?«, fragte er leicht spöttisch. »Sie sehen ja, dass in unserem Unternehmen alles bestens läuft.«

Ich nahm einmal an, dass er hier nicht mit mir Kaffee trinken würde, wenn er wirklich so hundertprozentig überzeugt wäre, dass in seinem Betrieb alles zum Besten stand, daher beschloss ich, bei ihm einen anderen Weg einzuschlagen.

»Sagen Sie, Herr Huang, wie hoch ist das Umsatzwachstum Ihres Unternehmens?«, fragte ich ihn.

»22 Prozent pro Jahr«, sagte er stolz.

»Das ist sehr gut, nehme ich mal an«, erwiderte ich und machte eine Pause.

Huang wirkte leicht pikiert. »Sehr gut, ja«, sagte er. »Das sind fünf Prozent mehr als der Branchendurchschnitt.«

»Zweifellos«, sagte ich. »Aber warum ist es nicht noch besser? Warum sind es nicht 40 oder 50 Prozent pro Jahr?«

Herr Huang sah mich an, als hätte er keine Ahnung, wovon ich rede.

»Na, ja«, sagte ich, »die Hotelbranche in China – und speziell an Ihrem Sitz Schanghai – ist doch zurzeit eine Goldgrube, oder?«

»Selbstverständlich!«, meinte Huang sichtlich selbstzufrieden.

»Und Sie haben mir gerade gesagt, Ihr Unternehmen sei Marktführer im Premiumsegment. Wenn Sie also das Top-Unternehmen einer schnell wachsenden Branche auf dem besten Markt der Welt sind, warum machen Sie dann nur 22 Prozent jährliches Umsatzwachstum?«, fragte ich. »Vor allem, wenn das gerade mal fünf Prozent mehr sind als im Branchendurchschnitt?«

Huang lächelte zwar süffisant, aber ich konnte doch eine Spur von Zweifel in seinen Augen erkennen.

»Ich denke, die Tatsache, dass Ihr Unternehmen nur um 22 Prozent pro Jahr wächst, sollte Ihnen tatsächlich Anlass zu Besorgnis geben«, sagte ich.

»Das ist doch absurd«, sagte Huang.

»Möglicherweise. Ich nehme an, Ihre Hotels haben den höchsten Standard und die allerbesten Komforteinrichtungen und Ihre Kunden erhalten den bestmöglichen Service.«

Huang nickte, unsicher, worauf ich hinauswollte. »Ja natürlich, alles ist auf höchstem Niveau«, versicherte er mir.

»Wie werden Sie denn dann nächstes und übernächstes Jahr Ihr Umsatzwachstum steigern? Vor allem falls sich der Markt abkühlen sollte? Oder wenn Ihre Konkurrenten mit Ihrem Standard gleichziehen?«

Herr Huang spielte mit seiner Kaffeetasse, gab aber keine Antwort.

»Sie haben mich gefragt, warum Sie in Ihrem Unternehmen die Rechenschaftspflicht umkehren und die Mitarbeiter an die erste Stelle setzen sollten. Meine Antwort lautet, dass dies für Sie die einzige Möglichkeit ist, weiter zu wachsen. Das ist die einzige Möglichkeit, Ihre Leistungen zu verbessern.«

Huang hörte jetzt aufmerksamer zu.

»Ich bin sicher, Sie haben alles getan, was Sie können, um Ihre Sachwerte zu verbessern«, sagte ich. »Immobilien und Einrichtung. Jetzt, glaube ich, müssen Sie sich auf Ihr Humankapital konzentrieren. Wenn Sie einen großen Sprung nach vorn machen wollen, müssen Sie, besonders wenn Sie bereits auf höchstem Niveau arbeiten, Ihre Mitarbeiter an die erste Stelle setzen. Sie müssen alles tun, was Sie können, um sie zu fördern, und ihnen Rechenschaft ablegen. Wenn Sie das tun, dann werden Sie sehen, dass Ihr Unternehmen Ihre eigenen Erwartungen und die Ihrer Kunden übertrifft. Dann müssen Sie sich nicht mehr mit 22 Prozent Wachstum begnügen. Dann können Sie 40 erreichen! Und was noch wichtiger ist, Sie begründen damit eine nachhaltige Tradition und man wird sich an Ihre Erfolge noch lange erinnern.«

Jetzt lachte Huang, und ich lachte mit. Aber als wir uns verabschiedeten, konnte ich sehen, dass Huang sich unbehaglich fühlte. Ich hatte in seinem Kopf den Samen eines Gedankens gepflanzt. Ich hoffe, er hat dort ein wenig Sonnenlicht und ein paar schöne Tropfen Regen erhalten.

Ich hatte keinen Zweifel daran, dass Herr Huang eine Rennameise war, vielleicht die schnellste Rennameise der ganzen chinesischen Hotelbranche. Aber ich war mir nicht sicher, ob er ein Schmetterling werden konnte. Das nächste Mal, wenn ich in China bin, werde ich in einem von Herrn Huangs Hotels übernachten und es herausfinden.

Das dritte Missverständnis: Die Kunden werden den Wert nie erkennen

Nun kommt der dritte Einwand, und der lautet, dass zwar vielleicht die Mitarbeiter eines EFCS-Unternehmens den Wert einer solchen Initiative erkennen können, es aber eine Illusion wäre zu glauben, auch die Kunden würden durch direkten Wert davon profitieren.

Meine Antwort auf dieses Missverständnis lautet: Kunden sehen diesen Wert nicht nur ganz genau, sondern oft sogar noch bevor wir selbst, die Unternehmensleitung, den Wert erkannt haben. Erinnern Sie sich noch an die Geschichten, in denen Kunden unsere Mitarbeiter als die eigentlichen Macher in unserem Unternehmen bezeichneten und mich und das Management ganz allgemein nur als Hindernis oder als bedeutungslos für den Erfolg betrachteten?

Es bringt wenig, wenn ich selber behaupte, die Kunden sähen den Erfolg der Initiative EFCS. Das müssen sie schon selbst sagen, und zu meinem Glück tun sie das auch oft. Am eindrucksvollsten geschah das auf einem Global-100-Treffen (das ist eine Gruppe von Geschäftsführern einiger der bedeutendsten Unternehmen der Welt) in New York unter Vorsitz von Jack Welch, dem ehemaligen CEO von General Electric.

Nach meiner Präsentation begann Jack mich auszufragen, ob das Konzept EFCS Unternehmen in der Rezession helfen könne. Ich setzte zu einer langen Antwort an, die aber nicht besonders überzeugend geklungen haben muss, denn nach kurzer Zeit erhob ein Teilnehmer im Publikum die Hand und rief dazwischen. Es war der CEO eines unserer wichtigsten Kunden, eines Unternehmens auf der *Fortune*-100-Liste.

Er stand auf. »Jack, ich habe selbst gesehen, wie HCLT sich durch EFCS transformiert hat, und ich kann mich als Kunde dafür verbürgen, dass das bei uns auch funktioniert.« Wow! Ich wusste zwar, dass der CEO großer Anhänger von HCLT war, aber ich hätte nie gedacht, dass er für den Wert des Modells derart positiv in der Öffentlichkeit eintreten könnte!

Aber das ist noch nicht alles. Viele unserer Kunden sagen mir, dass sie uns besonders deshalb schätzen, weil wir uns so für unsere Mitarbeiter engagieren, und was noch wichtiger ist, diese Kunden folgen uns als Führer dieser Bewegung. Sie implementieren in ihren Unternehmen auf eigene Weise ebenfalls EFCS-Ansätze. Sie sprechen oft mit HCLT-Mitarbeitern darüber, wie es in ihren Unternehmen läuft, und erwarten ein ehrliches Urteil und Feedback.

Unsere Werte bei der Kundenzufriedenheit, die ohnehin schon hoch waren und noch weiter stiegen, gingen in der Rezession 2008/09 tatsächlich noch einmal um 43 Prozent nach oben. Die Kunden erhalten also durchaus direkten Wert aus dem Programm EFCS, und glauben Sie mir, sie wissen das auch.

Das vierte Missverständnis: Die Implementierung erfordert Initiativen in großem Maßstab

Wir haben bei HCLT keine technischen oder organisatorischen Initiativen in großem Maßstab eingesetzt, um EFCS zu implementieren. Wir haben stattdessen auf Katalysatoren kleinen Maßstabs gesetzt (kleine Veränderungen am bestehenden System), auf das Überdenken von Prozessen und auf jede Menge Kommunikation.

Einen ähnlich großen Effekt kleinformatiger technischer Veränderungen können wir auch in vielen anderen Situationen entdecken. Das Handy beispielsweise bringt Tausenden von Fischern an der indischen Küste neue ökonomische Schlagkraft, Profite und Produktivität. Noch während sie auf See sind, können die Fischer jetzt mehrere Häfen anrufen, um die besten Preise zu erkunden, und die Händler gegeneinander ausspielen, um den Preis in die Höhe zu treiben. Den Händlern gefällt dieses neue Machtgleichgewicht natürlich nicht, aber sie zahlen den Fischern an diesem Küstenstreifen höhere Preise.

Ganz ähnlich große Effekte erzielt ein einfacher Internet-Zugang bei indischen Bauern. Die typischerweise ökonomisch benachteiligten und oft ungebildeten indischen Bauern hatten auf dem Lande nur beschränkten Zugang zu Information und Bildung über verbesserte landwirtschaftliche Techniken, die ihre Erträge erhöhen konnten. Die Bauern hatten nur selten leichten Zugang zu Materialien mit höherer Qualität, wie zum Beispiel den besten Saatgütern, Herbiziden und Pestiziden, und zu kritischen Informationen, wie genauen Wettervorhersagen, die ihnen helfen konnten, die Qualität ihrer Ernte zu verbessern. Diese Ineffizienz hielt ihre Kosten hoch und ihre Profite niedrig.

Das Projekt e-Choupal (*choupal* heißt auf Hindi »Dorfplatz« oder »Versammlungsort«) bringt nun Internet-Zentren in die Bauerndörfer. Über diese Zentren haben die Sojabohnen-, Weizen-, Kaffee- und sonstigen Bauern leichten Zugang zu aktuellen Informationen über das Internet. Dadurch dass sie die aktuellen Preise für Großhandelsprodukte kennen, können diese Bauern nun bessere Preise für sich aushandeln und mit ihrer Ernte den größten Profit erzielen.

Die Antwort auf dieses Missverständnis lautet: Eine Lösung braucht keinen großen Maßstab, muss nicht komplex sein und muss keine gewaltigen Initiativen erfordern, um zu spektakulären Ergebnissen zu führen.

Das fünfte Missverständnis: Das hat nichts mit der Leistung zu tun

Auch nach meinen Erwiderungen auf die ersten vier Missverständnisse bleiben viele Leute immer noch skeptisch, ob sich mit einer Initiative wie EFCS tatsächlich messbar höhere Wachstumsraten und Gewinne erzielen lassen.

Die beste Antwort auf dieses Missverständnis sind ein paar Fakten, die sich auf die ersten vier Jahre (2005–2009) unserer Transformation beziehen:

- 70 Prozent aller von HCLT abgeschlossenen Großaufträge wurden gegen die vier großen Global Player der IT-Branche erzielt.
- Die Zahl unserer Kunden verfünffachte sich. Bezogen auf den jährlichen Umsatz verdoppelten sich die Kunden von 1 Million Dollar und mehr, vervierfachten sich die Kunden von 5 Millionen bis 10 Millionen Dollar und verfünffachten sich die Kunden von 20 Millionen Dollar und mehr.
- Die Abwanderung von Mitarbeitern sank um nahezu 50 Prozent. Dazu zählte auch ein beträchtlicher Rückgang der Abwanderung von Arbeitskräften mit der Leistungsbeurteilung »hervorragend«, was unsere gestiegene Fähigkeit zeigt, unsere wertvollsten Humanressourcen zu halten.
- Wir erzielten laut einer externen, unabhängigen Umfrage einen 70-prozentigen Anstieg bei der Mitarbeiterzufriedenheit (ESAT-Verfahren).
- Die Umsätze im Vierjahreszeitraum verdreifachten sich.
- Die operativen Einnahmen verdreifachten sich ebenfalls.

Und bei all diesen Erfolgen hatten wir jede Menge Spaß und mussten nicht vorgeben, jemand anders zu sein, als wir in Wirklichkeit sind!

Die Agenda ist nicht abgeschlossen: Veränderungen zu einer Lebensaufgabe machen

Wie wir gesehen haben, ging unsere Reise unter dem Motto *Zuerst der Mitarbeiter – dann der Kunde* (Employees First, Customers Second, EFCS) in mehreren Etappen voran. Die einzelnen Stationen waren: Blick in den Spiegel, Vertrauen schaffen durch Transparenz, Umkehrung der Pyramide und Übertragung der Verantwortung für Veränderungen an alle.

In Wirklichkeit waren diese einzelnen Phasen in unserem Erleben nicht so klar definiert, wie sie hier beim Lesen erscheinen mögen. Wir sahen uns oft gezwungen, einzelne Schritte zu wiederholen. Mitunter musste für eine besondere Initiative oder einen bestimmten Unternehmensbereich auch noch einmal die gesamte Abfolge durchlaufen werden.

EFCS muss daher als Handlungskreislauf gesehen werden, als eine Reise, die immer wieder von Neuem beginnt. Aber auch wenn diese Reise immer wieder neu anfängt, spielt sie sich doch nie zweimal genau gleich ab. Jedes Mal stoßen wir auf neue Katalysatoren und jedes Mal weiten wir dabei die Grenzen noch kräftiger aus, sodass wir unser Unternehmen noch weiter verändern können.

Das ist wesentlich, weil sich die Geschäftswelt fundamental verändert. Wir erleben alle eine rasche Entwicklung der Verbraucherwünsche, eine Zunahme von Regelungen, die Nivellierung des Konkurrentenfeldes und die sich ständig ändernde Natur von Risiko und Ethik. Nahezu alle Unternehmenslenker, die ich kenne, navigieren durch eine nie gekannte Vielzahl von Kräften hindurch. Aber so komplex die geschäftliche Umwelt auch geworden ist, ich glaube, dass es stets eine ganz einfache Route zum Erfolg gibt: den Tropfen, den Katalysator, der den Ablauf in Gang setzt.

Ich behaupte allerdings nicht, dass ich an diesem Prozess alles verstehe, und ich kann auch nicht mit Sicherheit behaupten, dass das Verfahren bei allen Unternehmen, in allen Situationen, in allen geografischen Regionen genau so und ebenso gut funktionieren wird wie bei uns. Ich weiß, dass unser Verfahren mit Unvollkommenheit und Inkonsequenz zu kämpfen hat. Aber wenn wir einer solchen Situation begegnen, müssen wir halt noch einmal in den Spiegel blicken, eine Kurskorrektur vornehmen und die Reise wieder aufnehmen. Das Schöne sind letztlich all die Experimente und Lerneffekte dabei.

Viele – sowohl innerhalb als auch außerhalb von HCLT – missverstehen, was wir da tun. Viele andere aber verstehen die Philosophie von *Zuerst der Mitarbeiter – dann der Kunde* (und die dahinter stehenden Überlegungen) sehr wohl, finden sie aufregend und setzen die Gedanken in ihrem beruflichen und privaten Leben um.

Viele Mitarbeiter wenden das, was sie bei HCLT gelernt haben, zum Beispiel auch bei der Gründung und Durchführung eigener kleiner sozialer Unternehmen an. Andere lehren unsere Philosophie an Schulen und Hochschulen. Nicht wenige haben mir berichtet, dass die Prinzipien, die wir verfolgen, ihnen dabei geholfen haben, eine neue Lebensperspektive zu entwickeln und besser zu funktionieren. Das bedeutet, dass wir auf unterschiedliche Weise glatte 55 000 Mitarbeiter erreicht haben könnten. Wenn die neue Managergeneration die Ideen aufgreift, können wir den Einfluss mit Sicherheit auf viele weitere Tausend ausweiten, wenn nicht auf Hunderttausende. Das ist ein großes Ziel, ich weiß, aber das galt bei unseren ersten Gesprächen auch für EFCS.

Jedes Jahr verlassen etliche Hundert Menschen HCLT, um zu anderen Unternehmen zu wechseln oder andere Lebensziele zu verfolgen. Ich betrachte diese Personen als Absolventen der Denkschule EFCS und hoffe, dass auch sie unsere Ideen in ihre neuen Projekte hineintragen werden. Ich hoffe, dass sie erkennen, welcher Natur dort die Wertzone ist, und wie die Machtverteilung dort aussieht, und dass ihnen bewusst ist, in welchem Maß die Rechenschaftspflichten zur Wertschöpfung beitragen oder aber Hindernisse aufbauen können. Vor allem aber hoffe ich, dass sie motiviert sein werden, konventionelle Managementweisheiten auf den Kopf zu stellen.

Wir wissen, dass ein einziger guter Gedanke die Gesellschaft zum Besseren verändern kann. Ich glaube, dass unser Gedanke gut ist.

Unser Ziel war zu Beginn dieser Reise eine Transformation von HCLT, und dieses Ziel haben wir nach fünf Jahren Reise erreicht. Für mich war das Ganze eine Selbsterfahrung, die mich bescheiden gemacht hat und die ich allein nie hätte erreichen können. Menschen im ganzen Unternehmen hatten Ideen, auf die ich nie selbst gekommen wäre. Sie haben Entwürfe auf eine Weise in die Praxis umgesetzt, die mich verblüfft und begeistert hat. Regelmäßig eröffneten sie den Blick auf neue Horizonte, die Berge hinter den Bergen, die mir unbekannt waren.

Das ist wahrhaftig ein Buch mit 55 000 Autoren.

Unsere Reise hat nicht nur unser Unternehmen transformiert – sondern auch mich. Zu Beginn, 2005, war es, als wäre ich blind und müsste mich meinen Weg vorantasten. Ich würde gern sagen, dass ich den Weg damals klar vor mir liegen sah, aber so war es nicht. Ich bin froh, dass ich die Reise durch Neuland angetreten habe, denn das war gerade das Spannende daran.

Und so weit sich meine Augen auch inzwischen geöffnet haben mögen, so frage ich mich doch auch heute noch, ob ich immer noch im Dunkeln tappe. Werde ich auch in ein paar Jahren beim Rückblick auf 2010 sagen, dass ich blind war und mich meinen Weg nur vorantasten konnte?

Anmerkungen

2. Kapitel

1. Andy McCue, »Dixons Outsources IT to India in US$263M Deal«, *ZDNet Asia*, 23. Januar 2006, www.zdnetasia.com/news/business/0,39044229,39306969,00.htm.
2. »HCL Ties Up with DSG International«, *EFYTimes*, 19. Januar 2006.
3. »HCL, Teradyne of US in $70-M Outsourcing Deal«, *Hindu Business Line*, 14. Juli 2006, www.thehindubusinessline.com/2006/07/14/stories/2006071405150100.htm.
4. McCue, »Dixons Outsources IT to India«.
5. Barry Rubenstein, »HCL Technologies Is Disruptive und Bears Watching«, ICD Event Flash, November 2006.
6. »Hungry Tiger, Dancing Elephant: How India Is Changing IBM's World«, *The Economist*, 4. April 2007.

3. Kapitel

1. C. K. Prahalad, *The Fortune at the Bottom of the Pyramid: Eradicating Poverty Through Profits* (Upper Saddle River, NJ: Wharton School Publishing, 2005). Deutsche Ausgabe: *Der Reichtum der Dritten Welt: Wie wir die Armut mit Gewinnen besiegen können* (München: Finanzbuch, 2006).

4. Kapitel

1. Ori Brafman und Rod A. Beckstrom, *The Starfish and the Spider: The Unstoppable Power of Leaderless Organizations* (New York: Portfolio, 2006). Deutsche Ausgabe: *Der Seestern und die Spinne: Die beständige Stärke einer kopflosen Organisation* (Weinheim: Wiley VCH, 2007). Und: Rod A. Beckstrom, »The Starfish and the Spider«, The Rod Beckstrom Group, Web page, 26. April 2009, www.beckstrom.com/The_Starfish_and_The_Spider.

5. Kapitel

1. Gary Hamel und C. K. Prahalad, »Strategic Intent«, *Harvard Business Review*, Juli–August 2005, http://hbr.org/2005/07/strategic-intent/ar/1.

Danksagungen

An allererster Stelle möchte ich hier den 55 000 wunderbaren Partnern und Co-Autoren dieses Buches danken: den HCLern. Ohne eure Ideen, euren Glauben an unsere Maßnahmen und eure Nachsicht mit einigen unserer Initiativen, die viele andere wohl für verrückt gehalten hätten, wäre *Zuerst der Mitarbeiter – dann der Kunde* nie Wirklichkeit geworden. Die Mitglieder meines Führungsteams, ihr, die gewagt habt, einen Weg zu beschreiten, den zuvor nur sehr wenige gegangen sind, ihr seid die wahren Helden dieser Transformation. Jeder von euch ist eine faszinierende Persönlichkeit, von der ich sehr viel gelernt habe; ich gehe mit großem Stolz Schulter an Schulter mit euch. Und auch allen früheren HCLern möchte ich meine Anerkennung aussprechen, denn ohne die Vorarbeit, die ihr über 30 Jahre geleistet habt, wäre diese Reise nie möglich geworden; eure Fußspuren haben uns zu neuen Zielen und auf festeren Boden geführt.

Shiv Nadar, du bist für mich immer ein wunderbarer Freund, Wegweiser und Mentor gewesen. Du hast mich inspiriert, so wie du auch so viele andere inspiriert hast. Dein Mut – zu experimentieren und die Grenzen immer weiter hinauszuschieben – ist, was ich am meisten schätze. Danke dafür, dass du an mich geglaubt hast.

An meine Kunden und Partner, von denen manche zu Freunden geworden sind, vielen Dank dafür, dass ihr seit den ersten Tagen unserer Reise an uns geglaubt habt. Eure Unterstützung und Beteiligung hat uns geholfen, EFCS Jahr für Jahr weiterzuentwickeln und zu verbessern. Ihr wart begeisterte Unterstützer unserer Strategie, und euer Wunsch, dass wir Erfolg haben mögen, war der entscheidende Grund dafür, dass EFCS heute lebt und atmet.

An meine Branchenkollegen vielen Dank, dass ihr mich inspiriert habt. Ihr habt uns jeden Tag herausgefordert, uns noch stärker ins Zeug zu legen, und deshalb hat diese Reise auch so viel Spaß gemacht. Wir haben gegenseitig viel voneinander gelernt, und ich hoffe, wir setzen diesen auf Ideen und Werten beruhenden Wettstreit fort.

In echter EFCS-Manier habe ich mich bei der Entstehung dieses Buches auf die Hilfe von Freunden und Kollegen verlassen. Ich hatte den Traum, aber nicht unbedingt die Gabe, ein lesenswertes Buch zu schreiben, daher habe ich bei anderen Unterstützung gesucht, damit der Traum wahr wird, was oft genug unmöglich erschien. Vielen Dank an Zulfia und Amrita, zwei helle Köpfe, die mir geholfen haben, meine Recherchen durchzuführen und Ideen in Worte zu übersetzen, und an Meena, die den Ablauf gemanagt und dafür gesorgt hat, dass wir auf dem Weg blieben. Vielen Dank an Suresh, Krishnan, Heena, R. Anand, Neha und Anand Pillai für ihre Hilfe beim Durchdenken von Struktur und Format des Buches. Vielen Dank auch an viele andere aus meinem Führungsteam für das Gegenlesen der Manuskripte sowie wertvollen Input. Ohne eure Hilfe und Beteiligung hätte ich wahrscheinlich aufgegeben.

Zwischen den Noten liegt der Bereich, in dem die Musik gemacht wird, und ich bin sehr dankbar, dass ich meinen Komponisten hatte, John Butman, der die Musik ins Buch gebracht hat. Ich hätte nie gedacht, dass Worte aussprechen können, was ich empfinde, bis ich John getroffen habe. Danke an Jacque Murphy, meine Redakteurin bei Harvard Business Press, für ihr cleveres Feedback und dafür, dass sie mich auf Kurs gehalten hat. Meinen Dank an David Wan, den Geschäftsführer von Harvard Business Publishing, zunächst für seinen Vorschlag, dieses Buch zu schreiben, dann für seine Unterstützung während des gesamten Prozesses. Vielen Dank auch an Linda A. Hill und Tarun Khanna, die Co-Autoren der

Harvard-Business-School-Fallstudie, die für dieses Buch die Grundlage schuf.

Es braucht ein ganzes Dorf, um einen Menschen hervorzubringen, und vielleicht braucht es eine veritable Stadt, um einen Autor hervorzubringen. Von meiner Mutter stammt die Inspiration, mich gegen alle Widrigkeiten zu behaupten. »Schwierig bedeutet nichts«, sagte sie. »Es heißt nur: anders.« Dieses Buch ist ihr gewidmet, denn es ist ihr Geist, der mir jeden Morgen Leben einhaucht. Mein Vater seinerseits weckte auf den abendlichen Spaziergängen, die wir gemeinsam genossen haben, in mir den Wunsch, groß zu denken und integer zu handeln. Meine Frau Anupama ist mein engster Freund und sie ist die Frau, die hinter meinem Erfolg und meiner Stärke steht. Dank an meine Brüder Neeraj und Vibhu, die meine größten Unterstützer und Kritiker sind. Ihre Kommentare zum Manuskript waren sehr wertvoll. Vielen Dank an meine Tante Kailash, die den Stolz in mir geweckt hat – Stolz auf unsere Geschichte und Stolz als die Art, wie man sein Leben führen sollte. An meine Kinder Varun und Sophiyaa vielen Dank, weil sie mir beigebracht haben, worum es bei Liebe und bei Generation Y geht. Und ich bin auch ganz vielen anderen Freunden und Familienmitgliedern dankbar, weil sie dazu beigetragen haben, die Person aus mir zu machen, die ich heute bin.

Mein ganz besonderer Dank geht an das Team und die Kinder, die in unserer Wohltätigkeitsorganisation Sampark mit mir zusammenarbeiten, um die Vision »eine Million Lächeln« wahr zu machen, durch unseren Beitrag zur Verbesserung der Ausbildungsqualität in Indien. Alle meine Erlöse aus diesem Buch gehen an Sampark.

Es braucht Mut, einen anderen Weg zu gehen, aber wenn Sie es tun, werden Sie entdecken, dass Sie dabei nicht alleine sind; es gibt viele, die mit Ihnen gehen wollen. Meine Anerkennung gilt allen, die daran glauben, andere Wege zu gehen. Es ist das Gehen selbst, nicht der Erfolg am Ende, was dieses Gehen lohnend macht.

Und schließlich vielen Dank an alle Leser, die zu diesem Buch gegriffen und sich in seinen Inhalt vertieft haben. Ich wünsche Ihnen das Beste für Ihre Reise.

Über den Autor

Vineet Nayar ist Vice Chairman von HCL Technologies Ltd (HCLT), einem der am schnellsten wachsenden globalen Informationstechnik-Serviceunternehmen Indiens.

Vineet kam 1985 zu HCLT, nachdem er seinen MBA an der Hochschule XLRI gemacht hatte. 1993 gründete er das Startup-Unternehmen Comnet, in dem er viele der Ideen entwickelte und in die Praxis umsetzte, die in diesem Buch beschrieben werden.

2005 wurde er President und 2007 CEO von HCL Technologies, wo er in den anschließenden fünf Jahren einen bemerkenswerten Turnaround einleitete. HCLT ist zu einem der Stars unter den indischen IT-Unternehmen geworden und wird weltweit anerkannt für seine geschäftliche Leistung, aber auch für seine innovativen und transformativen Managementpraktiken.

2009 wurde HCLT von Hewitt Associates zur Nummer eins der besten Arbeitgeber Indiens sowie zu einem der 25 besten Arbeitgeber Asiens erklärt, und die *BusinessWeek* listete HCLT unter den fünf aufstrebenden Unternehmen der Welt, die es zu beobachten gilt.

Vineet Nayar ist verantwortlich für zwei Blogs: sein persönlicher http://www.vineetnayar.com und ein anderer für *Harvard Business Review*.

Stichwortverzeichnis